Popat Asabe
Sonali Patil - Asabe
Ranjitsinh Pawar

Desenvolvimento e análise de materiais compósitos naturais

Popat Asabe
Sonali Patil - Asabe
Ranjitsinh Pawar

Desenvolvimento e análise de materiais compósitos naturais

ScienciaScripts

Imprint
Any brand names and product names mentioned in this book are subject to trademark, brand or patent protection and are trademarks or registered trademarks of their respective holders. The use of brand names, product names, common names, trade names, product descriptions etc. even without a particular marking in this work is in no way to be construed to mean that such names may be regarded as unrestricted in respect of trademark and brand protection legislation and could thus be used by anyone.

Cover image: www.ingimage.com

This book is a translation from the original published under ISBN 978-620-7-45125-8.

Publisher:
Sciencia Scripts
is a trademark of
Dodo Books Indian Ocean Ltd. and OmniScriptum S.R.L publishing group

120 High Road, East Finchley, London, N2 9ED, United Kingdom
Str. Armeneasca 28/1, office 1, Chisinau MD-2012, Republic of Moldova, Europe
Printed at: see last page
ISBN: 978-620-7-06604-9

Desenvolvimento e análise de materiais compósitos naturais

Sr. P. B. Asabe
Sra. Sonali Patil
Dr. R. S. Pawar
(Escola Superior de Engenharia SVERIs, Pandharpur)

Resumo

O mundo está agora a concentrar-se em fontes de materiais alternativos que sejam amigos do ambiente e recicláveis por natureza. Devido à expansão das preocupações naturais, o compósito biológico produzido a partir de fibras regulares e resina polimérica é um dos últimos avanços no sector e estabelece a atual extensão do trabalho experimental. A utilização de materiais compósitos está a aumentar gradualmente no domínio da engenharia. O compósito consiste principalmente em duas fases, ou seja, matriz e fibra. A disponibilidade de fibra caraterística e a simplicidade de montagem induziram inventores em todo o mundo a tentar por padrões regionais acessíveis a fibra barata e a aprender a sua possibilidade de determinações de proteção e até que ponto eles cumprem os factos gratos de grande compósito de polímero reforçado destinado a aplicação estrutural. Os compósitos de polímeros reforçados com fibras têm preferências frequentes, por exemplo, geralmente um esforço mínimo de criação, simples de criar e uma diferença de qualidade melhor do que o polímero perfeito, devido a esta razão, os compósitos de polímeros reforçados com fibras são utilizados numa variedade de disposições como classe de material de estrutura. Os materiais compósitos estão a surgir principalmente em resposta às exigências da tecnologia devido ao rápido avanço das actividades nas indústrias aeronáutica, aeroespacial e automóvel. As fibras naturais têm atraído recentemente a atenção de cientistas e tecnólogos devido às vantagens que estas fibras oferecem em relação aos materiais de reforço convencionais, e o desenvolvimento de compósitos de biofibras tem sido um tema de interesse nos últimos anos. O presente trabalho centra-se na investigação das propriedades mecânicas do compósito de fibra de bananeira/resina epóxi com fracções volumétricas de 30%, 40% e 50% de fibra de bananeira e diferentes orientações das fibras 0^0 , 45^0 & 90^0 . As propriedades mecânicas, como a resistência à tração e a resistência à flexão, são avaliadas experimentalmente. Os resultados experimentais dos ensaios de tração são validados utilizando o pacote de software ANSYS.12.0 e os resultados obtidos estão muito próximos dos resultados experimentais. Para investigar a ligação entre o reforço e a matriz, foram registados os microgramas electrónicos de varrimento da superfície fracturada do compósito epoxídico de banana. Assim, é melhor utilizar o compósito banana/epóxi com 40% de fração volumétrica e 0 graus de orientação das fibras para várias aplicações.

Palavras-chave: Fibra de Banana, Propriedades Mecânicas, Fração de Volume, Orientação da Fibra, Micrograma Eletrônico de Varredura.

Nomenclatura

V_f	Volume Fraction
ANSYS	Analysis System Software
FEA	Finite Element Analysis
ASTM	American Society for Testing Materials
V_b	Volume fraction of banana Fiber
M_b	Mass of banana Fiber

Índice

CAPÍTULO I

INTRODUÇÃO

1.1 Visão geral dos materiais compósitos

A vantagem dos materiais compósitos em relação aos materiais convencionais resulta, em grande parte, das suas características específicas de resistência, rigidez e fadiga mais elevadas, o que permite uma maior versatilidade na conceção estrutural. Por definição, os materiais compósitos são constituídos por dois ou mais componentes com fases fisicamente separáveis. No entanto, só quando as fases dos materiais compósitos têm propriedades físicas notavelmente diferentes é que se reconhece que se trata de um material compósito. Os materiais compósitos são materiais que incluem um material forte que transporta cargas (conhecido como reforço) incorporado num material mais fraco (conhecido como matriz). O reforço proporciona resistência e rigidez, ajudando a suportar a carga estrutural. A matriz ou aglutinante (orgânico ou inorgânico) mantém a posição e a orientação do reforço. Significativamente, os constituintes dos compósitos mantêm as suas propriedades físicas e químicas individuais; no entanto, em conjunto, produzem uma combinação de qualidades que os constituintes individuais seriam incapazes de produzir sozinhos. O reforço pode ser constituído por plaquetas, partículas ou fibras e é normalmente adicionado para melhorar as propriedades mecânicas, como a rigidez, a resistência e a tenacidade do material da matriz. As fibras longas que estão orientadas na direção da carga oferecem a transferência de carga mais eficiente. Isto deve-se ao facto de a zona de transferência de tensão se estender apenas por uma pequena parte da interface fibra-matriz e de os efeitos de perturbação nas extremidades das fibras poderem ser negligenciados. Por outras palavras, o comprimento ineficaz da fibra é pequeno. As fibras mais populares disponíveis como filamentos contínuos para utilização em compósitos de elevado desempenho são as fibras de vidro e de carbono.

A maior vantagem dos materiais compósitos modernos é o facto de serem leves e resistentes. Ao escolher uma combinação adequada de matriz e material de reforço, é possível criar um novo material que satisfaça exatamente os requisitos de uma determinada aplicação. Os materiais compósitos também

8

proporcionam flexibilidade de design porque muitos deles podem ser moldados em formas complexas. A desvantagem é frequentemente o custo. Embora o produto resultante seja mais eficiente, as matérias-primas são frequentemente caras.

I. Vantagens dos compósitos em relação aos materiais convencionais

1. Elevada relação resistência/peso e elevada relação rigidez/peso.

2. Elevada resistência ao impacto.

3. Melhor resistência à fadiga.

4. Resistência à corrosão melhorada.

5. Boa condutividade térmica.

6. Baixo coeficiente de expansão térmica. Como resultado, as estruturas compósitas podem apresentar uma melhor estabilidade dimensional numa vasta gama de temperaturas.

II. Aplicações dos materiais compósitos

As aplicações comuns dos compósitos estão a aumentar de dia para d i a . Atualmente, também são utilizados em aplicações médicas. Os outros domínios de aplicação são,

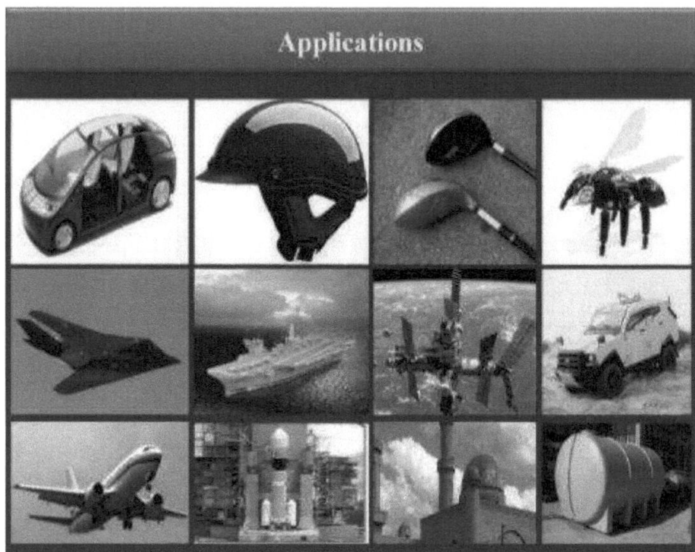

Fig. 1.1: Aplicações dos compósitos

1. **Automóvel**: veios de hélice, placas de embraiagem, blocos de motor, bielas, quadros, guias de válvulas, travões de competição para automóveis, depósitos de combustível com filamentos, molas de fibra de vidro/epóxi para camiões pesados e reboques, coberturas de balancins, braços de suspensão e rolamentos para sistemas de direção, para-choques, painéis de carroçaria e portas.

2. **Aeronaves:** Veios de transmissão, lemes, elevadores, rolamentos, portas de trem de aterragem, painéis e pavimentos de aviões, etc.

3. **Espaço:** Portas, braço manipulador remoto, antena de alto ganho, nervuras e suportes de antena, etc.

4. **Marítimo:** Palhetas de hélices, ventiladores e sopradores, caixas de engrenagens, válvulas e filtros, carcaças de condensadores.

5. **Indústrias químicas:** Recipientes compósitos para gás natural líquido para veículos de combustível alternativo, garrafas em rack para serviços de incêndio, alpinismo, tanques de armazenamento subterrâneo, condutas e pilhas, etc.

6. **Eletricidade e eletrónica:** Estruturas para linhas aéreas de transmissão para caminhos-de-ferro. Isoladores de linhas eléctricas, postes de iluminação,

10

elementos de tração de fibras ópticas, etc.

III. Terminologia em compósito:

1. **Laminados:** os laminados compósitos são conjuntos de camadas de materiais compósitos fibrosos que podem ser unidos para fornecer as propriedades de engenharia necessárias, incluindo rigidez, rigidez à flexão, resistência e coeficiente de expansão térmica, etc.

2. **Tela:** A lona é uma camada de fibras paralelas e contínuas ao longo do material.

3. **Sequência de empilhamento:** A sequência de empilhamento indica a orientação das fibras relativamente ao eixo global em graus. A sequência de empilhamento é colocada entre parêntesis rectos.

4. **Isotrópico:** Significa possuir as mesmas propriedades mecânicas em todas as direcções. Os laminados compósitos nunca são isotrópicos.

5. **Ortotrópico:** Um material que tem propriedades mecânicas diferentes em três planos mutuamente perpendiculares.

6. **Fibra:** É um elemento de reforço nos compósitos.

7. **Matriz:** É aquela em que as fibras são incorporadas para formar compósitos.

8. **Lâmina:** Uma lâmina (também designada por folha ou camada) é uma única camada plana de fibras unidireccionais ou fibras tecidas dispostas numa matriz.

9. **Fração de volume:** A fração de volume de fibra é a percentagem de volume de fibra no volume total de um material compósito reforçado com fibra.

1.2 Tipos de compósitos

De acordo com as fases de reforço, os compósitos são classificados principalmente em três tipos, ou seja, compósitos reforçados com fibras, compósitos reforçados com flocos e compósitos reforçados com partículas.

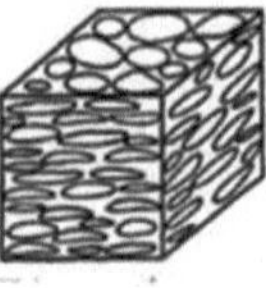

Fig 1.2: Tipos de compósitos

Os compósitos reforçados com fibras são constituídos por fibras e matriz, sendo que as primeiras conferem resistência e a última cola todas as fibras e transfere a tensão entre as fibras de reforço. A principal função da fibra é transportar as cargas na direção longitudinal. A fibra de vidro, as fibras de poliéster, a fibra de coco, a juta, etc. são alguns exemplos das fibras que são utilizadas como material de reforço. Nos compósitos reforçados com flocos, os flocos são utilizados como material de reforço. Os flocos serão mais ou menos orientados num plano, pelo que estes compósitos têm frequentemente o comportamento de material orientado biaxialmente. Os compósitos de flocos têm uma forte resistência à perfuração por objectos afiados. Têm um módulo elevado e um rácio de aspeto elevado em comparação com os compósitos reforçados com partículas e fibras. Exemplos são a mica, a grafite, os flocos de vidro, os flocos de alumínio, etc. Os compósitos de flocos são compósitos de polímeros reforçados de forma descontínua que apresentam propriedades mecânicas melhoradas e possuem uma relativa facilidade de fabrico e produção. As partículas de vários tamanhos são distribuídas aleatoriamente em compósitos reforçados com partículas. Exemplos disso são as partículas de alumínio, as partículas de cobre, etc. Os métodos de fabrico também variam de acordo com as propriedades físicas e químicas das matrizes e das fibras de reforço.

1.2.1 Compósitos de matriz metálica (MMCs)

Os compósitos de matriz metálica, como o nome indica, têm uma matriz metálica. Exemplos de matrizes em tais compósitos incluem o alumínio, o magnésio e o titânio. As fibras típicas incluem o carbono e o carboneto de silício. Os metais são reforçados principalmente para satisfazer as necessidades do projeto. Por exemplo, a rigidez elástica e a resistência dos metais podem ser aumentadas, enquanto o grande coeficiente de expansão térmica e as condutividades térmica e eléctrica dos metais podem ser reduzidas pela adição de fibras como o carboneto de silício.

1.2.2 Compósitos de matriz cerâmica (CMCs)

Os compósitos de matriz cerâmica têm uma matriz cerâmica, como alumina, cálcio, silicato de alumina, reforçada por carboneto de silício. As vantagens do CMC incluem elevada resistência, dureza, limites de temperatura de serviço elevados para a cerâmica, inércia química e baixa densidade. Naturalmente resistentes a altas temperaturas, os materiais cerâmicos têm tendência a tornar-se frágeis e a fraturar. Os compósitos fabricados com sucesso com matrizes cerâmicas são reforçados com fibras de carboneto de silício. Estes compósitos oferecem a mesma tolerância a altas temperaturas das superligas, mas sem uma densidade tão elevada. A natureza frágil da cerâmica dificulta o fabrico de compósitos. Normalmente, a maioria dos procedimentos de produção de CMC envolve materiais de partida em forma de pó. Existem quatro classes de matrizes cerâmicas: vidro (fácil de fabricar devido às baixas temperaturas de amolecimento, incluindo borossilicato e silicatos de alumina), cerâmicas convencionais (carboneto de silício, nitreto de silício, óxido de alumínio e óxido de zircónio são totalmente cristalinos), cimento e componentes de carbono betonados.

1.2.3 Compósitos de matriz polimérica (PMCs)

Os compósitos avançados mais comuns são os compósitos de matriz polimérica. Estes compósitos são constituídos por um polímero termoplástico ou termoendurecível reforçado por fibras (carbono natural ou boro). Estes materiais podem ser moldados numa variedade de formas e tamanhos. Proporcionam grande resistência e rigidez, bem como resistência à corrosão. A razão pela qual são mais comuns é o seu baixo custo, elevada resistência e princípios de fabrico simples. Devido à baixa densidade dos constituintes, os compósitos poliméricos apresentam frequentemente excelentes propriedades específicas.

1.3 Compósitos de fibras naturais

Os compósitos de polímeros reforçados com fibras têm desempenhado um papel dominante desde há muito tempo numa variedade de aplicações devido à sua elevada resistência e módulo específicos. O fabrico, a utilização e a remoção de plásticos tradicionais reforçados com fibras, geralmente feitos de vidro, resinas termoplásticas forçadas com fibras de carbono e resinas termoendurecíveis, são considerados de forma crítica devido a problemas ambientais. Por compósitos de fibras naturais entendemos um material compósito que é reforçado com fibras, partículas ou plaquetas provenientes de recursos naturais ou renováveis, ao contrário, por exemplo, das fibras de carbono que têm de ser sintetizadas. As fibras naturais incluem as produzidas a partir de fontes vegetais, animais e minerais. As fibras naturais podem ser classificadas de acordo com a sua origem. A classificação pormenorizada é apresentada na Figura 1.3

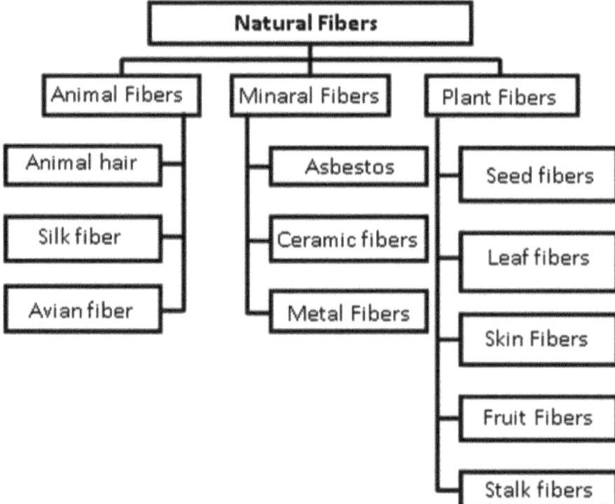

Fig 1.3: Classificação das fibras naturais

Fibra animal: As fibras animais são geralmente constituídas por proteínas; exemplos: mohair, lã, seda, alpaca, angorá. Os pêlos animais (lã ou cabelo) são as fibras retiradas de animais ou mamíferos peludos, por exemplo, lã de ovelha, pelo de cabra (caxemira, mohair), pelo de alpaca, pelo de cavalo, etc. As fibras de seda são as fibras recolhidas da saliva seca de insectos durante a preparação dos casulos. Exemplos incluem a seda dos bichos-da-seda. As fibras aviárias são as fibras provenientes de aves, por exemplo, penas e fibras de penas.

Fibra mineral: As fibras minerais são fibras que ocorrem naturalmente ou fibras ligeiramente modificadas obtidas a partir de minerais. Estas podem ser classificadas nas seguintes categorias: O amianto é a única fibra mineral que ocorre naturalmente. As variações são a serpentina, os anfibólios e a antofilite. As fibras cerâmicas incluem as fibras de vidro (madeira de vidro e quartzo), óxido de alumínio, carboneto de silício e carboneto de boro. As fibras metálicas incluem as fibras de alumínio.

Fibra vegetal: As fibras vegetais são geralmente compostas principalmente por celulose: exemplos incluem o algodão, a juta, o linho, o rami, o sisal e o cânhamo. As fibras de celulose servem para o fabrico de papel e tecido. Estas fibras podem ainda ser classificadas da seguinte forma: as fibras de semente são as fibras recolhidas da semente e do invólucro da semente, por exemplo, do algodão e da sumaúma, e as fibras recolhidas das folhas, por exemplo, do sisal e do agave. As fibras da pele são as fibras recolhidas da pele ou da base que envolve o caule da respectiva planta. Estas fibras têm uma resistência à tração mais elevada do que as outras fibras. Por conseguinte, estas fibras são utilizadas em fios, tecidos, embalagens e papel duráveis. Alguns exemplos são o linho, a juta, a banana, o cânhamo e a soja. As fibras de fruto são as fibras recolhidas do fruto da planta,
Por exemplo, a fibra de coco (coco). As fibras de talo são as fibras que são efetivamente os talos da planta.
Por exemplo, palhas de trigo, arroz, cevada e outras culturas, incluindo bambu e erva. A madeira das árvores é também uma fibra deste tipo.

Os compósitos de fibras naturais não são, de modo algum, uma novidade para a humanidade. Já os antigos egípcios utilizavam argila reforçada com palha para construir paredes. [th]No início do século XX, foram fabricadas resinas de fenol ou melamina-formaldeído reforçadas com fibras de madeira ou de algodão, que foram utilizadas em aplicações eléctricas devido às suas propriedades não condutoras e resistentes ao calor. Atualmente, os compósitos de fibras naturais encontram-se principalmente na indústria automóvel e da construção e, sobretudo, em aplicações em que a capacidade de carga e a estabilidade dimensional em condições húmidas e térmicas elevadas são de importância secundária. Por exemplo, as poliolefinas reforçadas com fibras de linho são atualmente muito utilizadas na indústria automóvel, mas a fibra actua principalmente como material de enchimento em painéis interiores não estruturais. Existem compósitos de fibras naturais utilizados para fins estruturais, mas geralmente com matrizes sintéticas termoendurecíveis que, obviamente, limitam os benefícios ambientais. Os compósitos de fibras naturais podem ser materiais muito económicos para as seguintes aplicações:

Indústria da construção civil: painéis para divisórias e tectos falsos, placas divisórias, paredes, pavimentos, caixilhos de janelas e portas, telhas, edifícios móveis ou pré-fabricados que podem ser utilizados em caso de calamidades naturais como inundações, ciclones, terramotos, etc.

Mobiliário   : cadeira, mesa, duche, unidades de banho, etc.

Dispositivos eléctricos: aparelhos eléctricos, canalizações, etc.

Aplicações quotidianas: abajures, malas, capacetes, etc.

Transportes: automóvel e carruagem ferroviária interior, barco, etc.

As fibras naturais são geralmente de natureza lignocelulósica, consistindo em microfibrilas de celulose enroladas helicoidalmente numa matriz de lignina e hemiceluloses. De acordo com um inquérito da Organização das Nações Unidas para a Alimentação e a Agricultura, a Tanzânia e o Brasil produzem a maior quantidade de sisal. O henequen é cultivado no México. A abaca e o cânhamo são cultivados nas Filipinas. Os maiores produtores de juta são a Índia, a China e o Bangladesh. Atualmente, aprodução anual de fibras naturais na Índia é de cerca de 6 milhões de toneladas, em comparação com a produção mundial de cerca de 25 milhões de toneladas. A informação pormenorizada sobre as fibras e os países de origem é apresentada no Quadro 1.1.

Tabela.1.1 Fibras e países de origem

Nome da fibra	Países de origem
Linho	Bornéu
Cânhamo	Jugoslávia, China
Cânhamo do sol	Nigéria, Guiana, Serra Leoa, Índia

Ramie	Honduras, Maurícia
Juta	Índia, Egipto, Guiana, Jamaica, Gana, Malawi, Sudão, Tanzânia
Kenaf	Iraque, Tanzânia, Jamaica, África do Sul, Cuba, Togo
Roselle	Bornéu, Guiana, Malásia, Sri Lanka, Togo, Indonésia, Tanzânia
Sisal	África Oriental, Bahamas, Antiqua, Quénia, Tanzânia, Índia
Abacá	Malásia, Uganda, Filipinas, Bolívia
Fibra de coco	Índia, Sri Lanka, Filipinas, Malásia

As fibras naturais como a juta, o sisal, o ananás, o abacá e a fibra de coco têm sido estudadas como reforço e carga em compósitos. Atualmente, está a ser dada uma atenção crescente à fibra de coco devido à sua disponibilidade. A casca de coco está disponível em grandes quantidades como resíduo da produção de coco em muitas áreas, o que está a dar origem à fibra de coco grossa. A fibra de coco é uma fibra natural lingo-celulósica. Trata-se de uma fibra de pelo de semente obtida a partir da casca exterior do coco. É resistente à abrasão e pode ser tingida. A produção mundial total de fibra de coco é de 250.000 toneladas. A indústria da fibra de coco é particularmente importante em algumas áreas do mundo em desenvolvimento. Mais de 50% da fibra de coco produzida anualmente em todo o mundo é consumida nos países de origem, principalmente na Índia. Devido à sua qualidade de resistência, durabilidade e outras vantagens, é utilizada para fabricar uma grande variedade de materiais de revestimento de pavimentos, fios, cordas, etc. No entanto, estes produtos tradicionais de coco consomem apenas uma pequena percentagem da produção mundial total potencial de casca de coco. Por conseguinte, têm sido envidados esforços de investigação e desenvolvimento para encontrar novas áreas de utilização para a fibra de coco, incluindo a utilização da fibra de coco como reforço em compósitos poliméricos. Existem vários relatórios na literatura que discutem o comportamento mecânico de compósitos de polímeros reforçados com fibras naturais. No entanto, o trabalho realizado sobre o efeito do comprimento da fibra no comportamento mecânico de compósitos de epóxi reforçados com fibras de coco é muito limitado. Neste contexto, o presente trabalho de investigação foi realizado com o objetivo de explorar o potencial da fibra de coco como material de reforço em compósitos poliméricos e investigar o seu efeito no comportamento mecânico dos compósitos resultantes. O presente trabalho visa, assim, desenvolver esta nova classe de compósitos poliméricos à base de fibras naturais com diferentes comprimentos de fibra e analisar o seu comportamento mecânico por via experimental e numérica para aplicação industrial em cascos de capacetes.

Quadro 1.2 Composição de algumas fibras naturais de uso corrente

Fiber	Cellulose (wt%)	Hemicellulose (wt%)	Lignin (wt%)	Pectin (wt%)	Moisture (wt%)	Waxes
Cotton	85-90	5.7	-	0-1	7.85-8.5	0.6
Bamboo	60.8	0.5	32	-	-	-
Flax	71	18.6-20.6	2.3	2.2	8-12	1.7
Hemp	70-74	17.9-20.4	3.7-5.7	0.9	6.2-12	0.8
Jute	61.1-71.5	13.6-20.4	12-13	0.2	12.5-13.7	0.5
Kenaf	45-47	21.5	8-13	3-5	-	-
Ramie	68.6-76.2	13.1-16.7	0.6-0.7	1.9	7.5-17	0.3
Sisal	66-78	10-14	10-14	10	10-22	2
Coir	32-43	0.15-0.25	40-45	3-4	8	
Banana	63-64	19	5	-	10-12	-

1.4 Objectivos:

Os principais objectivos do trabalho de investigação em curso são descritos a seguir:

1. Para. Estudo do compósito natural de fibra de bananeira.
2. Estudar o efeito de diferentes orientações e comprimentos de fibra de bananeira nas propriedades mecânicas do compósito natural de fibra de bananeira.
3. Estudar o efeito da percentagem de peso da fibra nas propriedades mecânicas do compósito natural de fibra de bananeira.
4. Otimizar a percentagem de peso da fibra, a orientação da fibra e o

18

comprimento para obter melhores propriedades dos compósitos naturais de fibra de bananeira.

CAPÍTULO 2
REVISÃO DA LITERATURA

Este capítulo trata dos conhecimentos de apoio que foram desenvolvidos no passado para utilizar dados suficientes para o presente trabalho. Foi também efectuada uma revisão exaustiva da literatura disponível para compreender o efeito de vários parâmetros que influenciam as propriedades mecânicas e térmicas dos compósitos de polímeros reforçados com fibras. A pesquisa bibliográfica é efectuada com base nos seguintes pontos:

2.1 Sobre as propriedades mecânicas do compósito de polímero à base de fibras naturais

Os factores crescentes como os desafios ambientais, a biodegradabilidade, a não toxicidade, etc. levam os investigadores a concentrar os seus estudos na exploração das características dos materiais naturais, como as fibras naturais. Está a ser feita muita investigação para utilizar as fibras naturais como material de reforço nos compósitos de matriz polimérica. Os investigadores enfrentam muitos desafios para tornar a fibra natural adequada às suas necessidades devido à sua natureza hidrofílica e à sua instabilidade térmica e química. Mas, atualmente, as fibras naturais podem substituir as fibras sintéticas até certo ponto, tornando-as compatíveis com as matrizes poliméricas através de algumas técnicas de modificação da superfície.

J. santhosh, N. Balanarasimman, et.al [1] estudaram várias fibras naturais, como a fibra de coco, o sisal, a juta, a fibra de coco e a banana, que são utilizadas como materiais de reforço. Neste trabalho, tanto a fibra de bananeira tratada como a não tratada são utilizadas para o desenvolvimento do material compósito híbrido. A fibra de bananeira não tratada é tratada com hidróxido de sódio para aumentar a capacidade de humidade. A fibra de bananeira não tratada e a fibra de bananeira tratada com hidróxido de sódio são utilizadas como material de reforço tanto para a matriz de resina epóxi como para a matriz de resina de éster vinílico. O pó de casca de coco é utilizado juntamente com a fibra de bananeira não tratada e tratada como material de reforço. Neste processo, o processo de moldagem manual da fibra de bananeira. O molde utilizado para fabricar o material compósito híbrido é feito de alumínio com um agente de descolagem aplicado no lado interior. O teor de fibra de bananeira é mantido constante a 30% da fração de peso de todo o material compósito. A variação das propriedades mecânicas é estudada e analisada. Aqui, a resistência à tração foi calculada por uma máquina de ensaio universal, a resistência ao impacto foi calculada por uma máquina de ensaio de impacto pendular e a resistência à flexão foi calculada por uma máquina de ensaio universal com uma disposição de ensaio de flexão da amostra. Em seguida, os espécimes tratados e não tratados são analisados e comparados através do Microscópio Eletrónico de Varrimento para estudar a adesão entre a fibra e a matriz de resina e a morfologia da superfície.

Rozman et al. [2] concluíram que os compósitos de polipropileno preenchidos com fibra de coco e com lenhina como compatibilizante apresentavam melhores propriedades de flexão do que os compósitos de controlo. As propriedades de tração não foram de todo melhoradas quando a lenhina foi incorporada como compatibilizante. O uso de compósito de polipropileno reforçado com fibra de coco para o painel de aplicações interiores de automóveis é estudado nesta investigação.

Rout et al. [3] estudaram a importância do tratamento de superfície nos compósitos de poliéster reforçados com fibra de coco. A fibra de coco foi submetida a t r a t a m e n t o alcalino, enxerto de vinil e branqueamento antes de ser adicionada à resina de poliéster de uso geral. As características mecânicas como a resistência à tração, à flexão e ao impacto foram aumentadas devido ao tratamento de superfície. O compósito de fibra branqueada (a 65oC) mostrou melhor resistência à flexão. O compósito de fibra/poliéster tratado com NaOH apresentou melhor resistência à tração. Devido aos tratamentos químicos das fibras, a tendência de absorção de água do compósito foi reduzida.

Monteiro et al. [4] efectuaram um estudo sobre as características mecânicas de compósitos de poliéster reforçados com fibras de coco. A percentagem de fibra de coco foi aumentada até 80 % e verificou-se que até 50% de carga de fibra, os compósitos tornaram-se rígidos, e depois disso os compósitos comportam-se como aglomerados. Foi efectuado um estudo sistemático sobre a influência da lenhina como compatibilizante nas propriedades físicas dos compósitos de polipropileno reforçados com fibras de coco.

Satishpujari, A. Ramakrishana et.al [5] Nas últimas décadas, os materiais compósitos têm sido utilizados predominantemente em várias aplicações. Foram investigados muitos tipos de fibras naturais para a sua utilização em plásticos, incluindo linho, cânhamo, juta, palha, fibra de madeira, casca de arroz, trigo, cevada, aveia, cana (açúcar e bambu), canas de gramíneas, Kenaf, rami, cacho de frutos vazios de palmeira de óleo, sisal, coco, pennywort de água, sumaúma, papel-mulberry, raphia, fibra de banana, fibra de folha de ananás e papiro. O seu volume e o número de aplicações têm vindo a aumentar de forma constante. As fibras naturais permitem reduzir os custos e a densidade em comparação com as fibras de vidro. As fibras naturais são um recurso alternativo às fibras sintéticas, uma vez que o reforço de materiais poliméricos para o fabrico é barato, renovável e amigo do ambiente. Este documento aborda em pormenor as utilizações e aplicações dos compósitos de fibras de juta e de bananeira.

M. sumaila, I. Ambekar et.al [6] analisaram os efeitos do comprimento da fibra de bananeira nas propriedades físicas e mecânicas do compósito de fibra de bananeira/epóxi. Foram produzidas cinco amostras diferentes, variando o comprimento da fibra entre 5mm e 25mm a 30% do peso da fibra, utilizando a técnica de moldagem manual. Foram analisados a densidade média, a percentagem de absorção de humidade, o teor de vazios, a resistência à tração, o módulo de tração, a percentagem de alongamento, a resistência à compressão, a energia de impacto, a resistência à flexão e o módulo do compósito. Os resultados mostraram que a percentagem de absorção de humidade, o teor de vazios e a resistência à compressão aumentaram com o aumento do comprimento da fibra, enquanto se observou uma diminuição da densidade. No entanto, a resistência à tração, o módulo de tração e a percentagem de alongamento tiveram os seus valores mais elevados de 67,2 MPa,
653,07 MPa e 5,9%, respetivamente, para comprimentos de fibra de 15 mm, sugerindo um comprimento de fibra crítico para a transferência efectiva e máxima de tensão. A energia de impacto na rotura, por outro lado, diminuiu com o aumento do comprimento da fibra de 80J para 40J para comprimentos de fibra de 5 mm e 25 mm, respetivamente.

S. Raghavendra, Lingaraju, et.al [7], estudaram o efeito de diferentes comprimentos de fibra com compósitos biodegradáveis reforçados com fibras naturais, que são uma boa alternativa aos materiais convencionais. As fibras naturais são mais baratas, amigas do ambiente e biodegradáveis. No presente trabalho, os compósitos são feitos com fibras curtas de Banana e borracha natural. Os compósitos são preparados usando vulcanização a 1500c. E os compósitos obtidos foram determinados para propriedades mecânicas como a resistência à tração.

Syed AltanfHussain, et.al [8] estudou as propriedades mecânicas, nomeadamente a resistência à tração (T.S), a resistência à flexão (F.S) e a resistência ao impacto (IS) do material compósito de polímero reforçado com fibra de coco verde. Os provetes foram testados de acordo com o conceito de matriz ortogonal L9 de Taguchis. Os parâmetros de controlo considerados foram o volume e o comprimento das fibras. A análise de variância é utilizada para verificar a validade do modelo. O resultado indicou que os modelos desenvolvidos são adequados para a previsão das propriedades mecânicas do compósito reforçado com fibra de coco verde.

Y.Indraj, et.al [9] estudou o bambu, a juta e a fibra de gramíneas reforçadas com espécimes de compósitos de poliéster preparados separadamente. As suas propriedades de tração e flexão são determinadas utilizando uma máquina de ensaio universal, a resistência química é estudada e é efectuada uma análise comparativa ao microscópio eletrónico de varrimento. Verificaram que a resistência à flexão do compósito reforçado aumenta com o teor de fibra de bambu.

Ashwani Kumar, et.al [10] estudou o compósito de epóxi reforçado com fibra de bananeira para avaliar a resistência à tração, a resistência à flexão e a resistência ao impacto.

P. Shashi Shankar, et.al [11] neste trabalho utilizaram epóxi como matriz e fibra de Banana como reforço para preparar o compósito. Na preparação do espécime, a fibra foi tomada como fibra contínua. O espécime é preparado variando a percentagem de peso da fibra (5% a 20%) e, finalmente, determinaram a resistência à tração e a resistência ao impacto para determinar as tensões, a deformação e o deslocamento.

Samal et al. [12] prepararam compósitos híbridos de polipropileno com bambu e fibra de vidro e examinaram as suas propriedades mecânicas, térmicas e morfológicas. Também adicionaram polipropileno enxertado com anidrido maléfico (MAPP) ao compósito para melhorar a ligação interfacial entre as fibras e a matriz. Foi referido que o compósito híbrido apresenta propriedades mecânicas melhoradas, como a resistência à tração, ao impacto e à flexão, em comparação com o polipropileno virgem. A micrografia SEM dos compósitos mostrou uma redução do espaço interfacial entre a fibra e a matriz.

Reddy et al. [13] trataram compósitos de poliéster reforçados com fibras híbridas de vidro/bambu com alguns produtos químicos, tais como carbonatos de sódio, hidróxido de sódio, ácido acético, benzeno, tetracloreto de carbono, hidróxido de amónio, tolueno e água para verificar a resistividade química do compósito. Observou-se que os compósitos híbridos apresentavam uma excelente resistência aos produtos químicos e a resistência à tração do compósito híbrido tratado com álcalis também melhorou. A razão encontrada foi que, uma vez a fibra submetida a tratamento alcalino, as hemiceluloses amorfas podem ser removidas até certo ponto e, eventualmente, o compósito pode mostrar algum comportamento cristalino.

Biswas et al. [14] realizaram um estudo sobre a importância do comprimento da fibra no carácter mecânico do compósito de fibra de coco/epóxi. Verificou-se que a dureza do compósito diminui com o aumento do comprimento da fibra até 20 mm e depois aumenta. Também concluíram que o comprimento da fibra tem uma grande influência no aumento das propriedades mecânicas, como a resistência à tração, a resistência à flexão e a resistência ao impacto.

Ayrilmis et al. [15] provaram que a fibra de coco seria um componente vital na produção de compósitos termoplásticos, especialmente para a substituição efectiva de fibras de vidro comparativamente muito caras e densas. Se a quantidade de fibra de coco aumentasse até 60 % em peso, as propriedades de flexão e tração dos compósitos melhoravam em 26% e 35%, respetivamente. Mesmo que o aumento adicional da quantidade de fibra tenha causado uma diminuição das propriedades de flexão e tração devido à cobertura inadequada de todas as superfícies da fibra de coco na matriz polimérica.

Romli et al. [16] realizaram um estudo fatorial sobre a resistência à tração de compósitos de epóxi reforçados com fibra de coco. No seu estudo, foram tomados como parâmetros a fração de volume, o tempo de cura e a carga de compressão durante a solidificação dos compósitos. A partir dos resultados, concluíram que a fração de volume influencia a resistência à tração dos compósitos. Os autores também aumentaram a percentagem da fração volumétrica da fibra e verificaram que as propriedades de tração dos compósitos aumentaram até certo ponto. O tempo de cura também mostrou alguns efeitos nas características dos compósitos, enquanto as influências da carga de compressão nas propriedades dos compósitos não foram reveladas corretamente.

Sreenivasan et al. [17] compararam as propriedades mecânicas de compósitos de fibras cilíndricas de Sansevieria (SCFs) / poliéster sem tratamento e com tratamento de superfície. Foram efectuados tratamentos de superfície, tais como álcalis, permanganato de potássio, peróxido de benzoílo e ácido esteárico, a fim de modificar a superfície da fibra. Concluíram que a fibra com tratamento de superfície apresentou melhores propriedades mecânicas do que a fibra sem tratamento. Os compósitos com fibra tratada com permanganato de potássio apresentaram melhores propriedades mecânicas devido à melhor compatibilidade da fibra com a matriz.

Lu et al. [18] trabalharam com compósitos de bambu/epóxi e compararam as características mecânicas dos compósitos. Foram preparadas amostras com diferentes fracções de volume utilizando fibras tratadas. A modificação da superfície das fibras foi efectuada utilizando Na-OH e agente de acoplamento salino (KH560). Foi também efectuada uma análise FTIR para observar a estrutura química das fibras. A partir da análise concluíram que o NaOH dissolveria parcialmente a lenhina e as hemiceluloses da periferia da fibra e criaria alguma porosidade na superfície da fibra. Aumentaria a capacidade de interbloqueio da fibra e, eventualmente, a fibra ficaria firmemente aderida à matriz. O tratamento salino das fibras leva à formação de ligações químicas Si-O-Si e Si-O-C com as superfícies de celulose, o que resulta em propriedades mecânicas melhoradas dos compósitos. Concluíram que a resistência à tração dos compósitos era muito mais elevada nas fibras tratadas com solução salina do que nas fibras tratadas com solução alcalina.

Mir et al. [19] Efectuaram um tratamento de superfície na fibra de coco, após o qual foi realizada uma investigação sistemática das propriedades mecânicas e físicas dos compósitos biológicos de coco e polipropileno. Para melhorar a compatibilidade com a matriz de polipropileno, a fibra de coco foi reagida com sulfato de crómio básico e sal de bicarbonato de sódio em solução ácida. Foram preparados compósitos com percentagens de fibra de 10, 15 e 20. O estudo revela que o compósito à base de fibra tratado quimicamente apresentou boas características mecânicas do que o não tratado. O compósito com 20% de concentração em peso de fibra apresentou propriedades mecânicas óptimas em comparação com os outros. Durante o tratamento de superfície, os grupos OH da celulose de coco não tratada, que eram de natureza hidrofílica, foram transformados em grupos hidrofóbicos -OH-Cr. Devido a este facto, a quantidade de absorção de água do compósito também foi reduzida.

Mishra et al. [20] fabricaram compósitos epoxídicos de fibra de juta pelo método de colocação manual e estudaram as propriedades físicas e mecânicas dos compósitos preparados. Concluíram que a presença de vazios nos compósitos afecta negativamente as suas propriedades mecânicas.

N. AnupamaSaiPriya [21] concluiu que os compósitos de polímeros reforçados têm desempenhado um papel ascendente numa variedade de aplicações devido à sua elevada resistência e módulo de elasticidade. Os compósitos reforçados com fibras de vidro e outras fibras sintéticas são altamente resistentes, mas os seus campos de aplicação são limitados devido ao seu elevado custo de produção. As fibras naturais não são apenas fortes e leves, mas também baratas e abundantemente disponíveis, especialmente na Costa do Konaseema. O presente trabalho descreve o desenvolvimento e a caraterização de compósitos de polímeros reforçados com fibras naturais. As propriedades mecânicas são avaliadas em cinco fracções de volume diferentes com a ajuda de UTM e os resultados foram tabulados. Os resultados experimentais mostraram que a tração, a estática e a absorção de água dos compósitos são grandemente influenciadas pela incorporação da percentagem de fração volumétrica de reforço e indicam que a fibra de coco pode ser utilizada como material de reforço para muitas aplicações estruturais e não estruturais.

BinuHaridas [22] efectuou um estudo sobre o comportamento mecânico e térmico de compósitos epóxi reforçados com fibras de coco. O principal objetivo deste estudo é utilizar as propriedades das fibras naturais e torná-las compatíveis com resinas poliméricas de forma eficaz. As fibras de coco foram utilizadas como reforço em resina epóxi com várias percentagens de peso de 5%, 10% e 15%. O método de tratamento de superfície, como o tratamento alcalino, é efectuado para melhorar o desempenho da fibra de coco na resina epoxi. O pó de estrume de vaca é adicionado como material de enchimento ao compósito com o objetivo de melhorar as propriedades de isolamento do compósito. As propriedades mecânicas, como a resistência à tração, a resistência à flexão, a resistência ao impacto e a microdureza, mostraram um aumento em relação à carga de fibra, bem como ao tratamento alcalino. O valor máximo é encontrado com o compósito com 15% de fibra de coco tratada. A resistência à flexão mostrou um valor máximo com 10% de carga de fibra tratada, que diminui após 10% de carga de fibra

Satnam Singh et al. [23] efectuaram um estudo sobre a investigação experimental e numérica das propriedades mecânicas de compósitos epoxídicos reforçados com fibra de vidro. Neste estudo, determinaram as propriedades mecânicas do epóxi puro e do epóxi reforçado com fibras de vidro orientadas ao acaso com fracções de peso de 10% e 20% de fibras de vidro. Os provetes de ensaio foram preparados e testados de acordo com as normas ASTM. Os resultados experimentais revelaram que, com o aumento da fração de peso do reforço, a resistência à tração e a resistência à flexão aumentaram 14,5% e 123,65% para os compósitos reforçados com fibra de vidro a 20% em relação ao epóxi puro. Os resultados numéricos obtidos estão em boa concordância com os resultados experimentais. No entanto, o aumento do reforço aumenta a fragilidade do material, o que pode resultar numa baixa resistência ao impacto.

T. Hariprasad et al. [24] efectuaram um estudo sobre as propriedades mecânicas do compósito híbrido de banana-coco utilizando técnicas experimentais e de MEF. As tensões na interface entre a fibra de coco e a matriz, induzidas pelas diferentes condições de carga, foram aplicadas para prever as propriedades de tração, impacto e flexão utilizando os modelos FEA. Os resultados do modelo foram comparados com os resultados experimentais e eram próximos. Esta análise é útil para perceber as vantagens dos compósitos reforçados com fibras híbridas em aplicações estruturais e para identificar onde as tensões são críticas e danificar a interface sob condições de carga variáveis.

O Dr. Dinesh Shringi et al. [25] efectuaram um estudo sobre a caraterização das propriedades mecânicas do compósito de fibras naturais e polímeros através de métodos numéricos. Isto inclui a avaliação da resistência à tração e da resistência à flexão, que foram estudadas e discutidas. A interpretação dos resultados e a comparação entre várias amostras de compósitos também são apresentadas neste estudo.

2.2 Resumo

A partir da revisão da literatura acima referida, verifica-se que a resistência ao impacto, a resistência à tração e o módulo de tração foram calculados. Observou-se que a resistência à tração, ao impacto e à flexão dos compósitos de fibra de bananeira/resina epóxi foi máxima a 30 wt. % de carga (23,68 N/mm2) do que a 20% e 10%. Também se observou que a resistência à tração, o módulo de tração e a percentagem de alongamento tiveram os valores mais elevados de 67,2 MPa, 653,07 MPa e 5,9%, respetivamente, com comprimentos de fibra de 15 mm, sugerindo um comprimento de fibra crítico para uma transferência de tensão efectiva e máxima. A energia de impacto na rotura, por outro lado, diminuiu com o aumento do comprimento da fibra de 80J para 40J para comprimentos de fibra de 5 mm e 25 mm, respetivamente. As fibras naturais não são apenas fortes e leves, mas também baratas e abundantemente disponíveis, especialmente na Costa de Konaseema. O presente trabalho descreve o desenvolvimento e a análise de compósitos de fibra de banana natural. As propriedades mecânicas são avaliadas em três fracções de volume diferentes com a ajuda de UTM e os resultados foram tabulados. Os resultados experimentais mostraram que a tração e a estática dos compósitos são grandemente influenciadas pela incorporação da percentagem de fração volumétrica de reforço e indicam que a banana pode ser utilizada como material de reforço para muitas aplicações. Assim, é necessário trabalhar no material compósito alterando a fração volumétrica com diferentes orientações das fibras para obter as melhores propriedades mecânicas desejáveis.

CAPÍTULO 3

FABRICAÇÃO

No fabrico de materiais compósitos com materiais de matriz termoplástica, é frequente o material compósito ser primeiro produzido e, depois, ser-lhe dada a forma desejada separadamente. No entanto, o processo de dar a forma desejada ao compósito pode alterar as propriedades do compósito devido a uma variedade de factores, incluindo a redução do comprimento das fibras, a alteração da orientação das fibras e a degradação térmica. Em geral, os materiais compósitos são produzidos através de um grande número de processos. A escolha de um método de produção específico depende fortemente dos atributos químicos da matriz e também da natureza da forma do produto final. Os compósitos termoendurecidos são fabricados através de processos de "formação húmida" ou de processos que utilizam pré-misturas. Nos processos de formação húmida, a resina em estado fluido é utilizada para formar o produto final. A resina é curada no produto enquanto a resina está "húmida". Esta cura pode ser auxiliada pela aplicação de calor e pressão externos.

O "método de colocação manual" do processo de enformação húmida é preferido devido às seguintes vantagens

1.   Adequado para produtos grandes e produtos com superfícies contornadas

2.   Requer despesas de capital limitadas

3.   O custo de instalação e o tempo de produção são menores.

4.   Não requer pessoal altamente treinado e especializado

5.   Flexível em termos de adaptação às alterações de conceção

6.   Podem ser fabricadas características complexas através da utilização de inserções moldadas.

3.1 Métodos de fabrico de materiais compósitos

1.   Colocação manual

As fibras e a resina pré-misturadas com o agente de cura são colocadas manualmente contra a superfície de moldagem. A colocação das fibras e da resina pode ser efectuada de duas formas. Estas são: No fabrico de produtos compósitos com fibras longas, as fibras de reforço (sob a forma de tapetes ou tecido) são colocadas camada a camada sobre a superfície, para assegurar uma sequência de empilhamento adequada, bem como a espessura necessária do produto final. Uma vez colocada uma determinada camada de fibra, esta é revestida com uma camada de resina, quer através de uma pistola de pulverização, quer através de um pincel. É necessário ter cuidado para garantir que a resina não tem bolhas de ar, uma vez que é aplicada às fibras de reforço. Para tal, podem ser utilizados rolos serrilhados, que ajudam a remover as bolhas de ar, bem como a garantir uma maior humidificação das fibras. Este método manual de estratificação também pode ser utilizado para compósitos de fibras curtas.

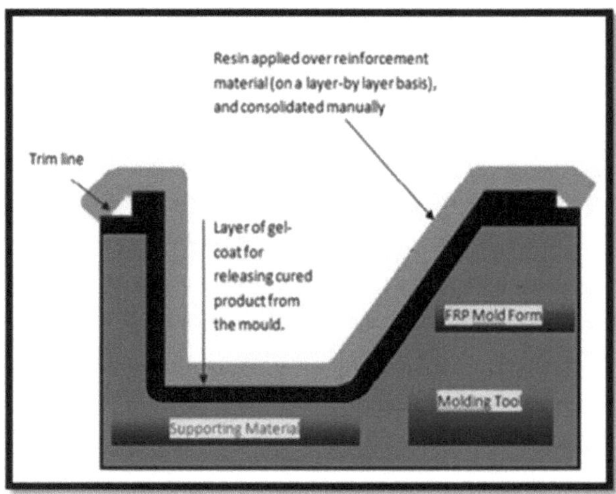

Fig 3.1: Processo de estratificação manual

Vantagens do processo de assentamento manual:

1.   Adequado para produtos grandes e produtos com superfícies contornadas.

2.   Requer despesas de capital limitadas.

3.   Os custos de instalação e o tempo de produção são menores.

4.   Não requer pessoal altamente treinado e especializado.

5.   Flexível em termos de adaptação às alterações de conceção.

6.   Podem ser fabricadas características complexas através da utilização de inserções moldadas.

Limitações do processo de assentamento manual:

1.   Inadequado para grandes volumes de produção.

2.   Trabalho intensivo.

3.	Requer um longo tempo de cura, uma vez que o material endurece à temperatura ambiente.

4.	O controlo de qualidade é difícil, uma vez que muitos processos são altamente dependentes de competências manuais.

5.	Os produtos produzidos através do processo de moldagem aberta produzem uma boa superfície de moldagem. A outra superfície é áspera e com acabamento superficial grosseiro.

6.	O desperdício de materiais pode ser elevado.

7.	As variações de qualidade de produto para produto podem ser elevadas.

2. Moldagem de sacos

A colocação e o ensacamento correto do material são passos muito críticos em todo o processo, uma vez que influenciam a qualidade da peça produzida. Para o garantir, é necessária uma configuração elaborada para o ensacamento, tal como se mostra na figura. Tal como se mostra neste esquema, a disposição é feita entre uma placa de molde de aço e uma placa de revestimento, que são revestidas com um spray de película de proteção, bem como com tecido de proteção, que garante que a peça não fica presa à placa de molde. A peça compósita é coberta com camadas de película, que a protegem contra agentes contaminantes. Além disso, o laminado também é coberto com telas de sangria, que absorvem o excesso de resina, e telas de respiro, que actuam como um caminho para que as bolhas de ar e os materiais voláteis saiam do compósito durante a cura. Todo o conjunto é selado num saco de vácuo utilizando selantes apropriados. Neste processo, enquanto a aplicação de temperatura é necessária para acelerar o processo de cura, a aplicação de pressão é importante para garantir um bom acabamento da superfície, precisão dimensional e também para eliminar a presença de ar e porosidade no componente compósito.

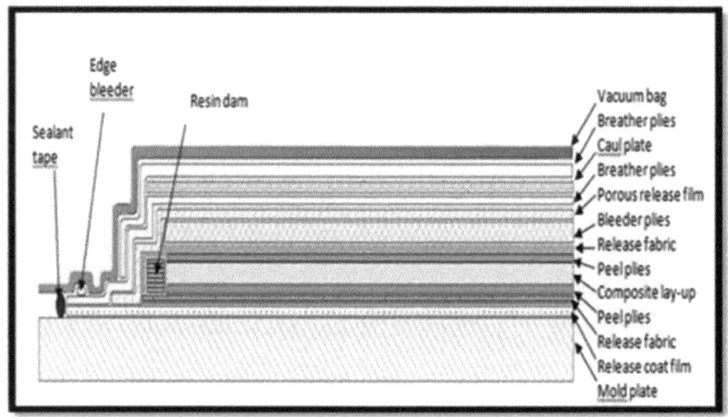

Fig3.2: Configuração típica de moldagem de sacos

O processo de moldagem de sacos pode ser classificado, com base no método de aplicação de pressão externa, em três grupos.

1.   Moldagem em saco de pressão: Aqui são aplicadas pressões superiores a 1 bar no material compósito que está a ser processado.

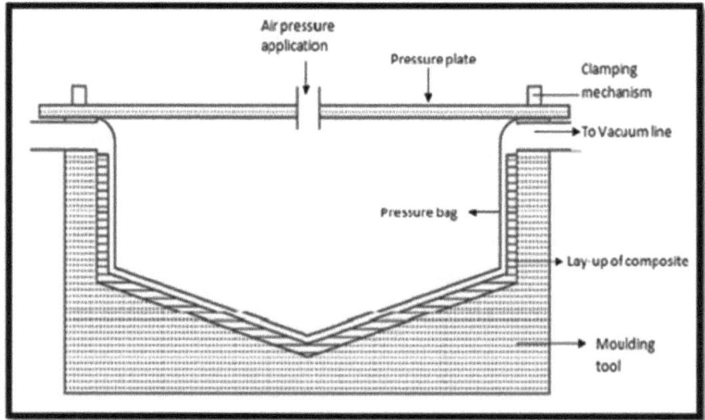

Fig3.3: Configuração do processo de moldagem de sacos de pressão

2.   Moldagem em saco de vácuo: Neste processo, os materiais compósitos são submetidos a vácuo para remover as bolhas de ar do laminado. Após esta fase, o material pode ser sujeito a pressão atmosférica enquanto é submetido a um processo de

cura num forno.

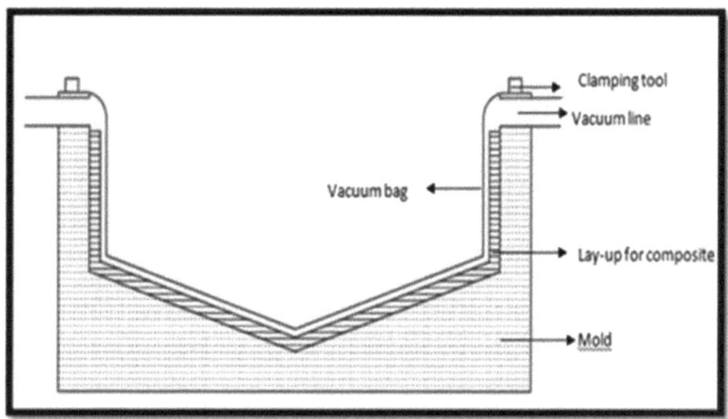

Fig3.4: Configuração do processo de moldagem de sacos a vácuo

3.   Moldagem em autoclave: Aqui, o compósito é sujeito a pressões de vácuo e também a pressões elevadas simultaneamente, enquanto é submetido a uma cura a temperaturas elevadas Neste processo, a peça é encerrada num saco ligado a uma bomba de vácuo. Além disso, o exterior do saco é sujeito a pressões superiores a 1 bar. Finalmente, a cura da resina é iniciada através do aumento da temperatura do material, colocando-o numa câmara de autoclave. Neste processo, a aplicação de alta pressão assegura uma maior remoção do ar e de outros voláteis, uma maior humidificação e uma melhor impregnação das fibras com resina.

Em geral, os materiais compósitos são produzidos através de um grande número de processos. A escolha de um método de produção específico depende fortemente dos atributos químicos da matriz e também da natureza da forma do produto final. Assim, escolhemos o processo de colocação manual para o fabrico de laminados. O procedimento pormenorizado é explicado a seguir

1.   Colocar a placa de madeira sobre a superfície plana.

2.   Preparar a mistura de epóxi e endurecedor na proporção de 10:1.

3.   Aplicar a mistura de epóxi e endurecedor na placa de madeira.

4.   Colocar a camada de suporte de vidro para uniformizar.

5.   Calcular o peso de uma determinada fração volumétrica de fibra.

6.   Colocar a primeira folha de fibra num ângulo de 45° e, em seguida, aplicar epóxi; este processo continua até manter a espessura pretendida.

7.   Aplicar a camada superficial de vidro.

8.   Colocar as placas de suporte em cada lado do laminado para manter a espessura.

9.   Aplicar pressão externa para remover o excesso de resina epoxídica.

10.   Fixar as placas.

11.   Cura de 6 a 8 horas.

12.   Retirar o grampo e as placas de suporte.

13.   Cortar o material em excesso.

3.2   Processo de fabrico de laminados:

3.2.1 Seleção de materiais:

a)   Material da matriz:

Resina epoxídica 520 e endurecedor epoxídico-PAM. A resina epoxídica e o endurecedor epoxídico foram misturados na proporção de 10:1 por peso, conforme sugerido. A resina epóxi tem a densidade de 1,22 g/cc. A resina epoxídica-520 e o endurecedor epoxídico-PAM foram misturados na proporção de 10:1 em peso, conforme sugerido. A mistura de resina epóxi e endurecedor foi agitada cuidadosamente antes da introdução dos tapetes de fibra no material da matriz. Cada laminado foi curado sob pressão constante durante cerca de 24 horas no molde e posteriormente curado à temperatura ambiente durante pelo menos 12 horas.

A resina epoxídica (LY-556) utilizada como matriz aglutinante é fornecida pela Ciba Geigy India Ltd. A resina epoxídica tem geralmente boas propriedades mecânicas e térmicas.

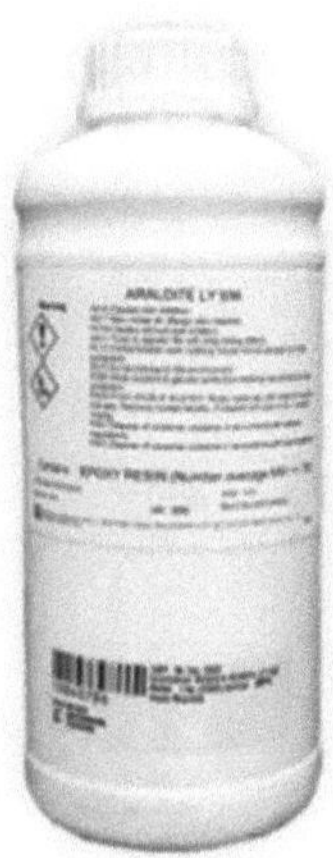

Fig 3.5: Resina epóxi LY 556

Propriedades da resina epóxi LY-556:

1.   Aspeto visual - Líquido límpido, amarelo-pálido

2.   Viscosidade a 25^0 C - 10000-12000 MPa s 3. Densidade a 25^0 C - 1,15-1,20 gm/cm^3

4. Ponto de inflamação - 195^0 C

b)   Endurecedor

Para que as propriedades sejam melhoradas, a resina deve ser submetida a uma reação de cura, na qual a estrutura da resina epóxi de revestimento se altera para formar uma estrutura tridimensional reticulada termoendurecida. Esta reação de cura ocorre através da adição de um agente de cura chamado endurecedor numa proporção de 10:1 à resina epóxi. A reação seguinte é uma reação exotérmica da resina. O agente de cura ou endurecedor é a trietiltetramina (HY- 951), também fornecida pela Ciba Geigy India Ltd.

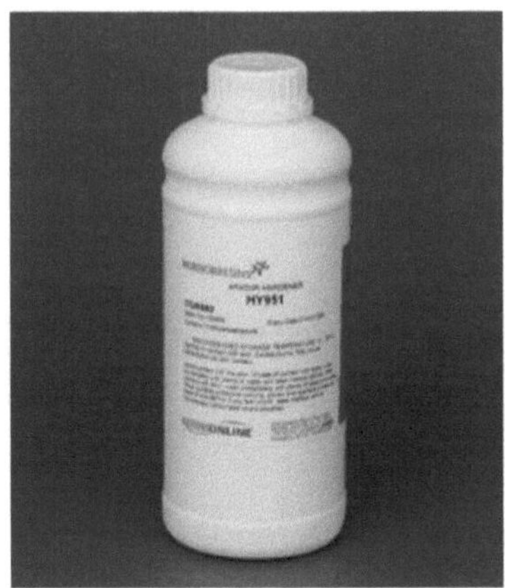

Fig. 3.6: Endurecedor HY 951

Propriedades do endurecedor HY-951:

1. Densidade = 0,95 gm/cm^3

2. Ponto de fusão = 12^0 C (lit.)

3. Ponto de ebulição = 266-267^0 C (lit.)

4. Solubilidade em água= SOLÚVEL

5. Ponto de inflamação = 143,33 C^0

c) Material da fibra:

A fibra de bananeira (Figura 3.7) é obtida a partir da planta da bananeira, que foi recolhida em fontes locais. A fibra de banana extraída foi subsequentemente seca ao sol durante oito horas e depois seca no forno durante 24 horas a 105° C para remover a água livre presente na fibra

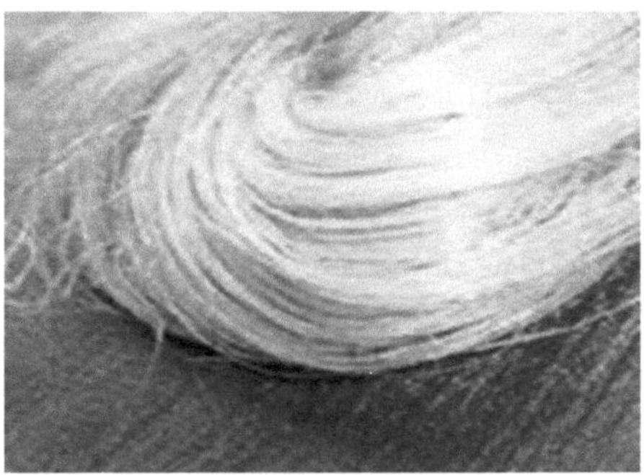

Fig 3.7: Fibra de banana

3.3 Fabrico

Teoria:

Os produtos fabricados a partir de materiais convencionais, como metais e plásticos, os produtos acabados são produzidos a partir de matérias-primas. Primeiro, é produzida a matéria-prima (por exemplo, uma folha de metal de uma liga) e, em seguida, utilizando essa matéria-prima, é fabricado o produto final (por exemplo, o painel da porta de um automóvel). Em contrapartida, o mesmo não acontece necessariamente com os produtos fabricados a partir de materiais compósitos. Por exemplo, uma placa estrutural composta envolve a criação simultânea do produto e do material. Isto é particularmente verdade para os compósitos com materiais de matriz termoendurecida. Neste caso, as matérias-primas são a matriz (por exemplo, epóxi) e as fibras (por exemplo, fibras de grafite). Estes materiais são processados para produzir uma placa composta e as propriedades do material composto são completamente diferentes das dos seus constituintes individuais. Para além disso, a produção deste material compósito e da placa ocorre simultaneamente. Noutros casos, uma versão "primitiva" do compósito é formada primeiro (por exemplo, pré-impressão), e este compósito pré-forçado recebe mais tarde a forma do produto final através da aplicação de pressão e temperatura. No entanto, mesmo nesses casos, as propriedades do material compósito "primitivo" e as do produto final podem ser significativamente diferentes. No caso de materiais compósitos com matrizes termoplásticas, a situação pode ser um pouco diferente. Aqui, muitas vezes, o material compósito é produzido pela primeira vez e, em seguida, é-lhe dada a forma desejada separadamente. No entanto, mesmo aqui, o processo de dar a forma desejada ao compósito pode alterar as propriedades do compósito, devido a uma variedade de factores, incluindo a redução do comprimento da fibra, a alteração da orientação da fibra e a degradação térmica. Em geral, os materiais compósitos são produzidos através de um grande número de processos. A escolha de um método de produção específico depende fortemente dos atributos químicos da matriz e também da natureza da forma do produto final. Os compósitos termoendurecidos são fabricados através de processos de "formação húmida" ou de processos que utilizam pré-misturas ou pré-impregnados. A resina é curada no produto enquanto a resina está "húmida". Esta cura pode ser auxiliada pela aplicação de calor e pressão externos. Em geral, os materiais compósitos são produzidos através de um grande número de processos. A escolha de um método de produção específico depende fortemente dos atributos químicos da matriz e também da natureza da forma do produto final. Por isso, optámos pelo processo de colocação manual para o fabrico de laminados. O procedimento pormenorizado é explicado a seguir

1)   Colocar a placa de madeira (molde) sobre a superfície plana.

Fig 3.8: (Passo 1) placa de madeira (Molde) na superfície plana

2)   Preparar a mistura de epóxi e endurecedor na proporção de 10:1.

Fig 3.9: (Etapa 2) mistura de epóxi e endurecedor

3)   Aplicar a cera para facilitar a remoção

Fig 3.10: (Etapa 3) Cera

4)   Aplicar a amostra cortada de fibra de bananeira.

Fig 3.11: (Etapa 4) Aplicação da fibra de bananeira

5)   Cura de 6 a 8 horas.

Fig 3.12: (Etapa 5) Cura

6)   Placa fabricada

Fig 3.13: (Passo 6) Placas finais fabricadas

3.4   Corte do provete em função da orientação

Os espécimes foram cortados em diferentes orientações de 0, 45 e 90 em ângulo. Embora três configurações diferentes das orientações das fibras 0, 45 e 90 para diferentes fracções de volume 30%, 40% e 50% tenham sido seleccionadas para o nosso estudo.

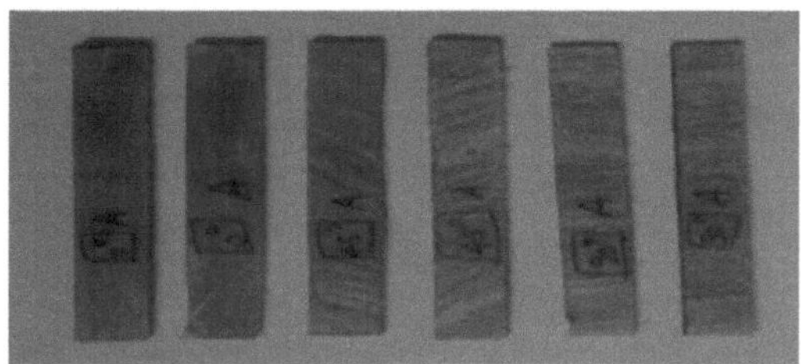

Fig: 3.14 Espécime para ensaio de flexão.

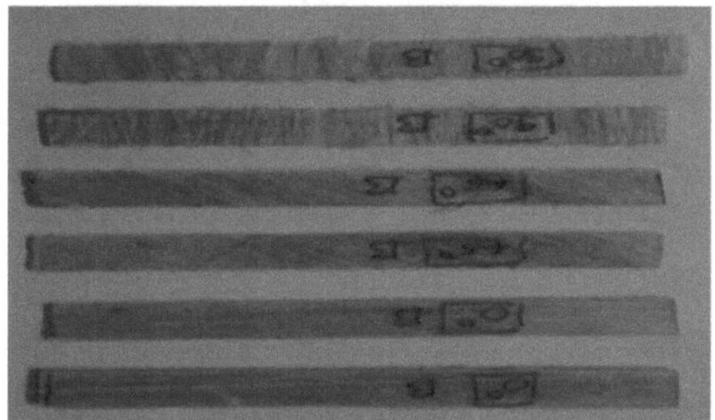

Figura: 3.15 Espécimes para ensaio de tração

Tabela 3.1: Detalhes de diferentes orientações, volume, percentagem de fibra de bananeira e epóxi

Orientação da fibra de bananeira	Fração volumétrica da fibra	% de fibra de banana	% de epóxi
0	0.30	30%	70%
45	0.40	40%	60%
90	0.50	50%	50%

1. Cálculo de fracções de volume:

Seleccionámos as dimensões dos laminados tendo em conta os requisitos de ensaio e o número de ensaios.

Volume da placa = $300 \times 150 \times 3 \times 10^{-9}$ Volume da placa = $1,35 \times 10^{-4}$ m^3

$V_{c1} = 1{,}35 \times 10^{-4} \times 0{,}3$

$V_{c1} = 4{,}05 \times 10$

$V_{c2} = 1{,}35 \times 10^{-4} \times 0{,}40$

$V_{C2} = 5{,}4 \times 10^{-5} \ m^3$

$V_{c3} = 1{,}35 \times 10^{-4} \times 0{,}50 \quad V_{C3} = 6{,}75 \times 10^{-5} \ m^3$

Massa de fibra de banana:

$Mc1 = 4{,}05 \times 10^{-5} \times 972{,}97 \times 1000 \quad Mc1 = 39{,}40 gm$

$Mc2 = 5{,}4 \times 10^{-5} \times 972{,}97 \times 1000 \quad Mc2 = 52{,}54 g$

$Mc3 = 6{,}75 \times 10^{-5} \times 972{,}97 \times 1000 \quad Mc3 = 65{,}68 gm$

Onde,

V_{c1} = fração de volume do compósito um V_{c2} = fração de volume do compósito dois V_{c3} = fração de volume do compósito três

Mc1 = Massa da fibra de bananeira para a configuração 30/70 do compósito Mc2 = Massa da fibra de bananeira para a configuração 40/60 do compósito Mc3 = Massa da fibra de bananeira para a configuração 50/50 do compósito

Tabela 3.2: Configuração dos laminados

Compósito	Massa da fibra de bananeira (Mb)gm.	Orientação da fibra de bananeira (Ob)	Fração de volume (Vb)%
C1	39.40	00	30
C2	39.40	45^0	30
C3	39.40	90^0	30
C4	52.54	00	40
C5	52.54	45^0	40
C6	52.54	90^0	40

C7	65.68	00	50
C8	65.68	45^0	50
C9	65.68	90^0	50

CAPÍTULO 04

TRABALHO EXPERIMENTAL

4.1 Ensaios de propriedades mecânicas

4.1.1 Ensaio de tração

a) Introdução:

O ensaio de tração uniaxial é conhecido como um ensaio de engenharia básico e universal para obter parâmetros de materiais como a resistência final, a resistência ao escoamento, a % de alongamento, a % de área de redução e o módulo de Young. Estes parâmetros importantes obtidos a partir do ensaio de tração normalizado são úteis para a seleção de materiais de engenharia para quaisquer aplicações necessárias. O ensaio de tração é realizado aplicando uma carga longitudinal ou axial a uma taxa de extensão específica a um provete de tração normalizado com dimensões conhecidas (comprimento do calibre e área da secção transversal perpendicular à direção da carga) até à rutura. A carga de tração aplicada e a extensão são registadas durante o ensaio para o cálculo da tensão e da deformação.

b) Ensaio de tração Espécimes antes do ensaio:

Tabela: 4.1 Pormenor do provete do ensaio de tração

Sr. No.	Composition			Tensile Testing		Quantity
	Banana fiber %	Epoxy %	Fiber orientation (°)	Size (L×B×H) mm		
1	30	70	0	200×20×3		2
2	40	60	45	200×20×3		2
3	50	50	90	200×20×3		2
4	30	70	0	200×20×3		2
5	40	60	45	200×20×3		2
6	50	50	90	200×20×3		2
7	30	70	0	200×20×3		2
8	40	60	45	200×20×3		2
9	50	50	90	200×20×3		2

A Tabela 4.1 mostra as dimensões e a composição dos provetes de tração de acordo com as várias composições de fibra de bananeira e resina epóxida, juntamente com a alteração da orientação das fibras. Os diferentes espécimes também são apresentados nas imagens abaixo.

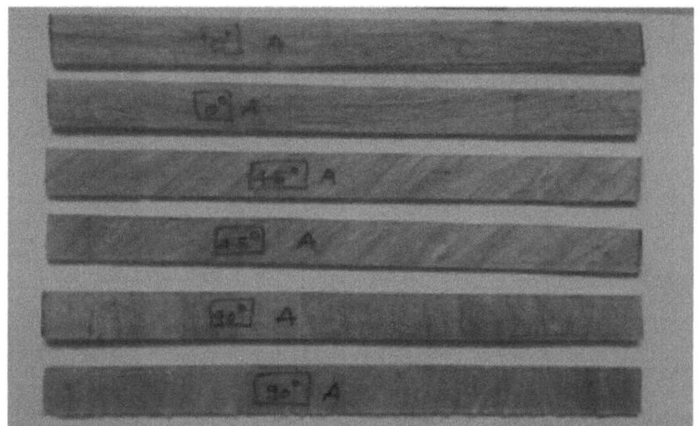

Fig. 4.1: Amostra com composição 30/70 antes do ensaio de tração

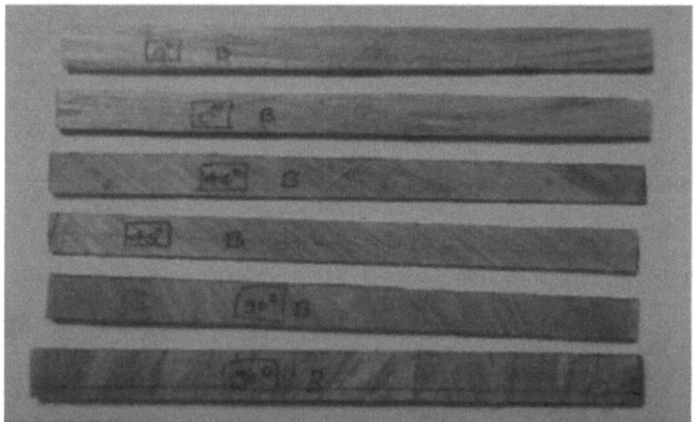

Fig. 4.2: Provete com composição 40/60 antes do ensaio de tração

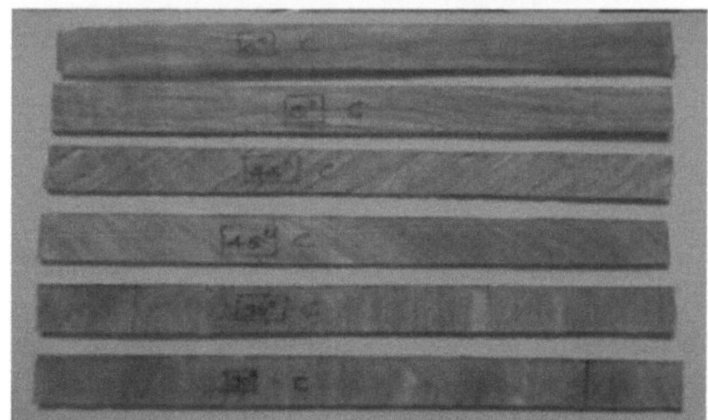

Fig. 4.3: Amostra com composição 50/50 antes do ensaio de tração

c) Teoria:

Considere o provete de tração típico mostrado na Fig. Tem extremidades alargadas ou ombros para agarrar. A parte importante do provete é a secção de medição. A área da secção transversal da secção de medição é reduzida em relação à do resto do provete, de modo a que a deformação e a rotura sejam localizadas nesta região. O comprimento do gabarito é a região sobre a qual as medições são feitas e está centrado dentro da secção reduzida. As distâncias entre as extremidades da secção da bitola e os ombros devem ser suficientemente grandes para que as extremidades maiores não restrinjam a deformação dentro da secção da bitola, e o comprimento da bitola deve ser grande em relação à sua largura. De acordo com a norma ASTM D3039, seleccionámos as dimensões de 200X 20 X 3 mm^3

d) Procedimento de ensaio de tração:

1) Este ensaio é amplamente utilizado para determinar a resistência, a ductilidade, a resiliência, a tenacidade e várias outras propriedades dos materiais.

2) Preparação do provete de acordo com a norma a partir do material a ensaiar.

3) O provete é mantido por meios adequados entre as duas cabeças da máquina de ensaio.

4) A carga adequada é aplicada gradualmente até à sua fratura.

É obtido um registo da carga que actua sobre o espécime com a extensão progressiva do espécime. O ensaio de tração uniaxial é realizado no Praj Metallurgical Lab, em Pune. O ensaio é realizado até à rotura do provete e são registadas várias observações.

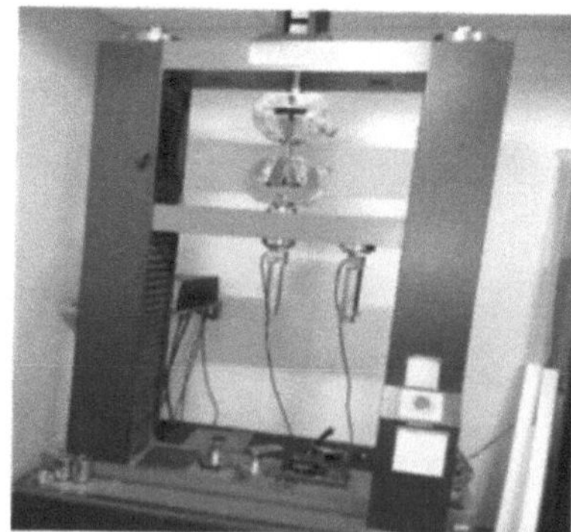

Fig 4.4 Máquinas de ensaio universal

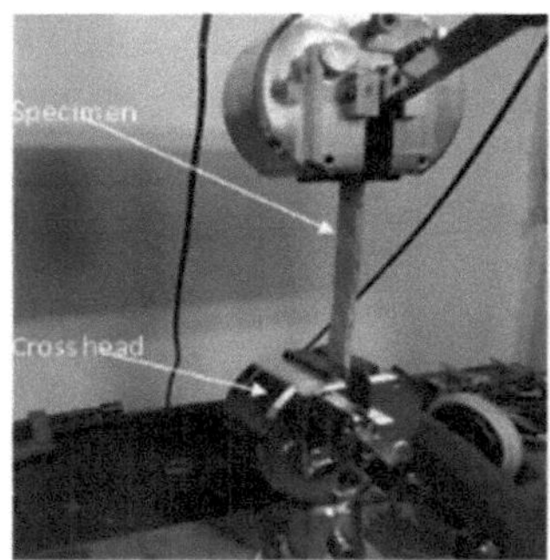

Fig. 4.5: Montagem do provete de ensaio de tração no UTM

e) Ensaio de tração Espécimes após o ensaio:

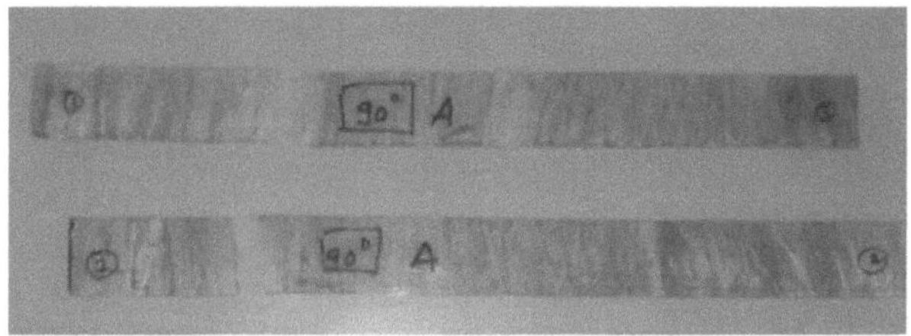

Fig. 4.6: Provete de ensaio de tração após o ensaio de tração

Tabela 4.2: Observações registadas durante o ensaio de tração

S N	Compo-sition	Fiber orientation ($^\circ$)		Specimen width (mm)	Specimen thickness (mm)	Area (mm^2)	Maximum load(N)	Ultimate tensile strength (N/mm^2)
1	A (30/70)	0	T1	20.930	3.960	82.8828	1271.06	15.336
			T2	21.00	3.800	79.80	1204.42	15.093
		45	T1	20.880	3.360	70.1568	491.96	7.012
			T2	21.050	3.700	77.885	537.04	6.895
		90	T1	20.830	4.240	88.3192	521.36	5.903
			T2	20.860	5.00	104.30	450.80	4.322
2	B (40/60)	0	T1	18.400	3.860	71.024	2817.50	39.650
			T2	20.320	3.320	67.4624	2308.88	34.225
		45	T1	19.140	2.150	41.151	404.74	9.835
			T2	18.280	2.770	50.6356	283.22	5.593
		90	T1	19.600	3.540	69.384	385.14	5.551
			T2	21.320	5.550	118.326	635.04	5.367
3	C (50/50)	0	T1	20.130	4.040	81.3252	1465.10	18.015
			T2	20.470	3.500	71.645	997.64	13.925
		45	T1	19.980	3.300	65.934	796.74	12.084
			T2	20.950	3.200	67.04	682.08	10.174
		90	T1	20.950	3.200	67.04	552.32	8.537
			T2	20.680	3.887	80.0316	246.96	3.086

g) Resultados:

Tabela 4.3: Resultado do ensaio de tração

Sr. No.	Composition	Fiber Orientation (°)	U.T.S. (N/mm²)		Average U.T.S. (N/mm²)
			Trial 1	Trial 2	
1	A (30/70)	0	15.336	15.093	15.21
		45	7.012	6.895	6.95
		90	5.903	4.322	5.11
2	B (40/60)	0	39.670	34.225	36.94
		45	9.835	5.593	7.71
		90	5.551	5.367	5.46
3	C (50/50)	0	18.015	13.925	15.97
		45	12.084	10.174	11.113
		90	8.537	3.086	5.81

4.1.2 Ensaio de flexão

a) Introdução:

Este método de ensaio mecânico mede o comportamento de materiais sujeitos a cargas de flexão simples. Tal como o módulo de tração, o módulo de flexão (rigidez) é calculado a partir da inclinação da curva de carga de flexão vs. deflexão. O ensaio de flexão envolve a flexão de um material, em vez de empurrar ou puxar, para determinar a relação entre a tensão de flexão e a deflexão. O ensaio de flexão é normalmente utilizado em materiais frágeis, como cerâmica, pedra, alvenaria e vidros. Também pode ser utilizado para examinar o comportamento de materiais que se destinam a dobrar durante a sua vida útil, como o isolamento de fios e outros produtos elastoméricos o ensaio de flexão de três pontos a principal vantagem de um ensaio de flexão de três pontos é a facilidade de preparação e ensaio da amostra. No entanto, este método tem também algumas desvantagens: os resultados do método de ensaio são sensíveis à geometria do provete e da carga e à taxa de deformação.

b) Pormenores dos provetes de ensaio de flexão:

Tabela: 4.4 Detalhes dos provetes do ensaio de flexão

Sr. No.	Composition		Fiber orientation (°)	Flexural Testing	Quantity
	fiber%	Epoxy%		Size (L×B×H) mm	
1	30	70	0	100×13×3	2
2	30	70	45	100×13×3	2
3	30	70	90	100×13×3	2
4	40	60	0	100×13×3	2
5	40	60	45	100×13×3	2
6	40	60	90	100×13×3	2
7	50	50	0	100×13×3	2
8	50	50	45	100×13×3	2
9	50	50	90	100×13×3	2

A Tabela 4.4 mostra as dimensões e a composição dos provetes de ensaio de flexão de acordo com as várias composições de fibra de bananeira e resina epóxida, juntamente com a alteração da orientação da fibra. Os diferentes espécimes também são apresentados nas imagens abaixo.

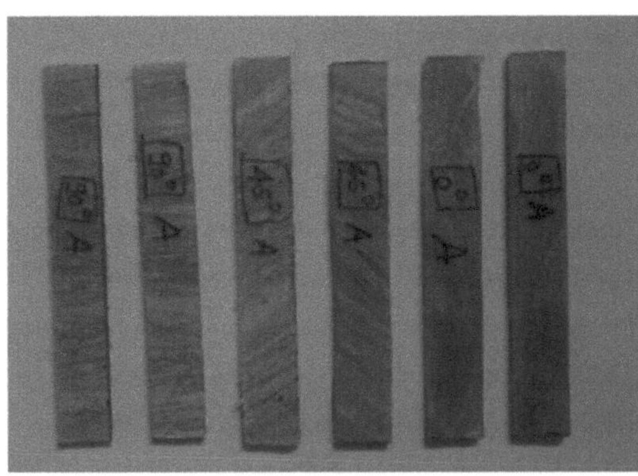

Fig. 4.7: Provete com composição 30/70 antes do ensaio de flexão

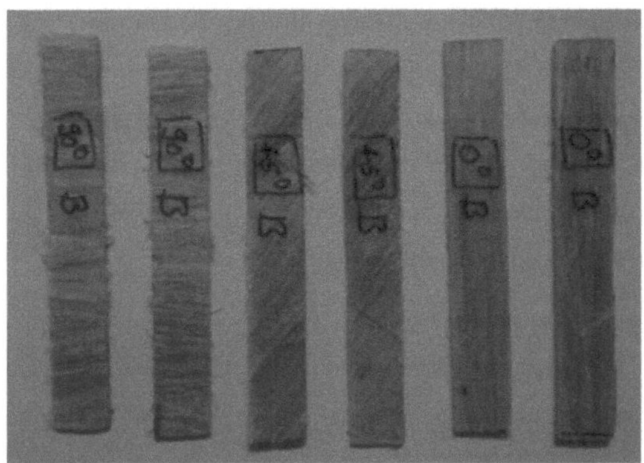

Fig. 4.8: Provete com composição 40/60 antes do ensaio de flexão

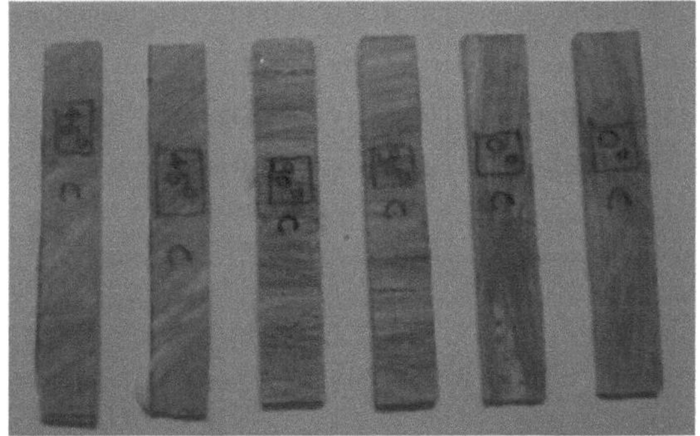

Fig. 4.9: Provete com composição 50/50 antes do ensaio de flexão

c) Teoria:

Os ensaios de flexão são geralmente utilizados para determinar o módulo de flexão ou a resistência à flexão de um material. Um ensaio de flexão é mais económico do que um ensaio de tração e os resultados do ensaio são ligeiramente diferentes. O material é colocado horizontalmente sobre dois pontos de contacto (extensão de apoio inferior) e, em seguida, é aplicada uma força na parte superior do material através de um ou dois pontos de contacto (extensão de carga superior) até a amostra falhar. A força máxima registada é a resistência à flexão dessa amostra específica.

d) Procedimento para a realização do ensaio de flexão:

Este método de ensaio envolve normalmente um dispositivo de ensaio específico numa máquina de ensaio universal. Os detalhes da preparação, condicionamento e condução do ensaio afectam os resultados do ensaio. A amostra é colocada em dois pinos de suporte a uma distância definida e um terceiro pino de carga é baixado de cima a uma taxa constante até à falha da amostra.

Normalmente, o espécime encontra-se num vão de suporte e a carga é aplicada no centro pela ponta de carga, produzindo três pontos de flexão a uma taxa especificada. Os parâmetros para este ensaio são o vão de suporte, a velocidade da carga e a deflexão máxima para o ensaio. Estes parâmetros baseiam-se na espessura do provete de ensaio e são definidos de forma diferente pela ASTM e pela ISO. De acordo com a norma ASTM D790, o carregamento é efectuado até o provete atingir 5% de deflexão ou o provete partir antes de 5%. Para a norma ISO 178, a carga é interrompida quando o provete se parte. Se o provete não se partir, o ensaio é continuado tanto quanto possível e a tensão a 3,5% (deformação convencional) é comunicada.

Fig. 4.10: Máquina de ensaio de flexão

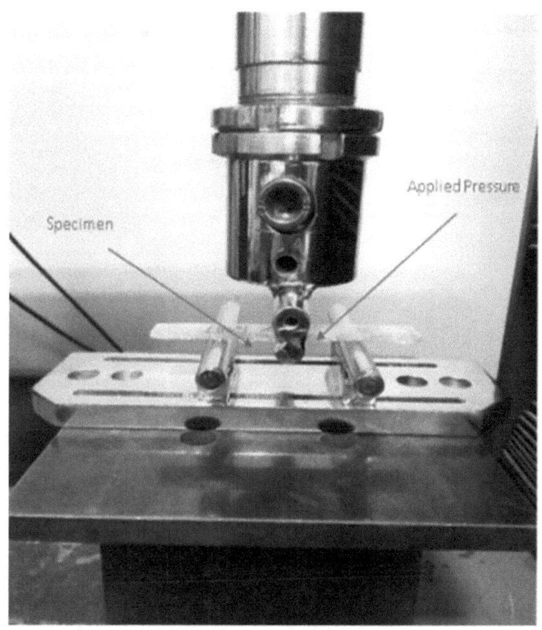

Fig. 4.11: Montagem do provete na máquina de ensaios de flexão

O objetivo mais comum de um ensaio de flexão é medir a resistência à flexão e o módulo de flexão. A resistência à flexão é definida como a tensão máxima na fibra mais externa no lado de compressão ou tensão da amostra. O módulo de flexão é calculado a partir do declive da curva de deformação tensão vs. deformação. Estes dois valores podem ser utilizados para avaliar a capacidade dos materiais da amostra para suportar forças de flexão ou de dobragem.

e) **Ensaio de flexão Espécimes após o ensaio:**

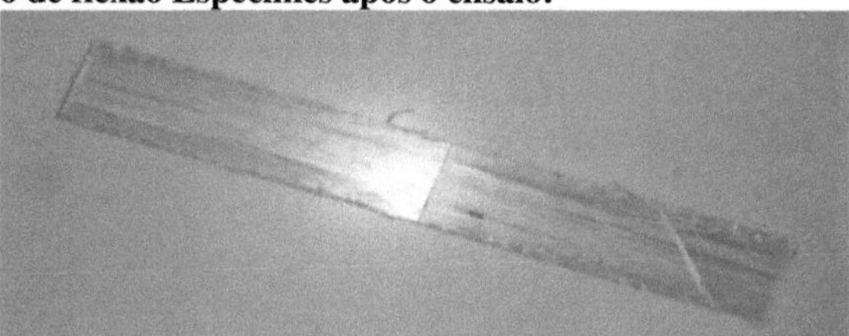

Fig. 4.12: Provete de ensaio de flexão após o ensaio

Tabela 4.5: Observações registadas durante o ensaio de flexão

Sr. no	Compo -sition	Fiber orientation		Specimen width (mm)	Specimen thickness (mm)	Area (mm^2)	Flexural strength (N/mm^2)
1	A (30/70)	0	F1	14.100	4.00	56.64	21.503
		0	F2	14.100	3.800	53.58	18.158
		45	F1	14.00	3.600	50.4	15.558
		45	F2	13.800	4.100	56.58	13.878
		90	F1	14.100	3.500	49.35	10.894
		90	F2	14.100	3.300	43.53	11.105
2	B (40/60)	0	F1	14.100	3.800	53.58	43.247
		0	F2	13.400	4.700	62.58	47.203
		45	F1	14.100	3	42.3	28.786
		45	F2	13.800	3.100	42.78	27.877
		90	F1	14.00	2.700	37.8	15.700
		90	F2	14.00	2.600	36.4	11.805
3	C (50/50)	0	F1	15.700	3.500	54.95	40.471
		0	F2	15.00	3.300	49.5	45.490
		45	F1	14.00	3.30	46.2	37.941
		45	F2	13.900	3.300	85.87	35.49
		90	F1	14.800	3.400	50.32	26.749
		90	F2	15.00	3.800	57.00	23.312

Tabela 4.6: Resultado do ensaio de flexão

Sr. No.	Composition	Fiber orientation (Degree)	Flexural Strength (N/mm^2)		Average Flexural Strength (N/mm^2)
			Trial 1	Trial 2	
1	A (30/70)	0	21.503	18.158	19.83
		45	15.556	13.878	14.72
		90	10.894	11.105	10.99
2	B (40/60)	0	43.247	47.203	45.23
		45	28.786	27.877	28.33
		90	15.700	11.805	13.75
3	C (50/50)	0	40.471	45.490	42.98
		45	37.941	35.495	36.71
		90	26.249	23.312	25.03

CAPÍTULO 5

SIMULAÇÃO COM FEM

5.1 Análise de elementos finitos:

5.1.1 Introdução:

A análise de elementos finitos é uma técnica de análise baseada em computador para calcular a resistência e o comportamento das estruturas. No MEF, a estrutura é representada por elementos finitos. Estes elementos são unidos em pontos específicos que são designados por nós. O MEF é utilizado para calcular a deflexão, as tensões, as deformações, a temperatura e o comportamento de encurvadura do elemento. No nosso projeto, a FEA é realizada utilizando o ANSYS 12.0. Inicialmente, não se conhece o deslocamento e outras quantidades como deformações e tensões, que são calculadas a partir do deslocamento nodal.

A análise de elementos finitos é uma técnica de simulação que avalia o comportamento de componentes, equipamentos e estruturas para várias condições de carga, incluindo forças aplicadas, pressões e temperaturas. Assim, um problema complexo de engenharia com uma forma e geometria não normalizadas pode ser resolvido utilizando a análise de elementos finitos quando não está disponível uma solução de forma fechada. Os métodos de análise de elementos finitos fornecem resultados da distribuição de tensões, deslocamentos e cargas de reação nos apoios, etc., para o modelo.

O procedimento geral da FEA pode ser descrito resumidamente da seguinte forma:

1. Selecionar as variáveis de campo e os elementos adequados.
2. Discretização do contínuo.
3. Selecionar funções de interpolação.
4. Encontrar as propriedades do elemento.
5. Reúne propriedades de elementos para obter propriedades globais.
6. Impor as condições de fronteira.
7. Resolver as equações do sistema para obter as incógnitas nodais.
8. Efectue os cálculos adicionais para obter os valores necessários.

5.1.2 Análise estática:

Uma análise estática é utilizada para determinar os deslocamentos, tensões, deformações e forças em estruturas ou componentes causados por cargas que não induzem efeitos significativos de inércia e amortecimento. Uma análise estática pode, no entanto, incluir cargas de inércia constantes, como a gravidade, a rotação e cargas variáveis no tempo. Na análise estática, as condições de carga e resposta são assumidas, ou seja, as cargas e as respostas da estrutura são assumidas como variando lentamente em relação ao tempo. Os tipos de carga que podem ser aplicados na análise estática incluem, forças aplicadas externamente, momentos e pressões. As forças de inércia em estado estacionário, como a gravidade e a rotação, impõem deslocamentos não nulos. Se os valores de tensão obtidos nesta análise ultrapassarem os valores permitidos, isso resultará na falha da estrutura na própria condição estática. Para evitar tal falha, esta análise é necessária. A análise de elementos finitos foi efectuada com êxito para investigar a resistência à tração do compósito epóxi de fibra de bananeira.

5.2 A análise de elementos finitos da composição de 30% de fibra e 70% de resina epóxi com 0, 45 e 90 graus de orientação da fibra

Caso1:Análise FEA da composição 30/70 com orientação de o grau

Fig 5.1: Ensaio de tração utilizando FEA com orientação 0°

Caso 2: Análise FEA da composição 30/70 com orientação de 45 graus

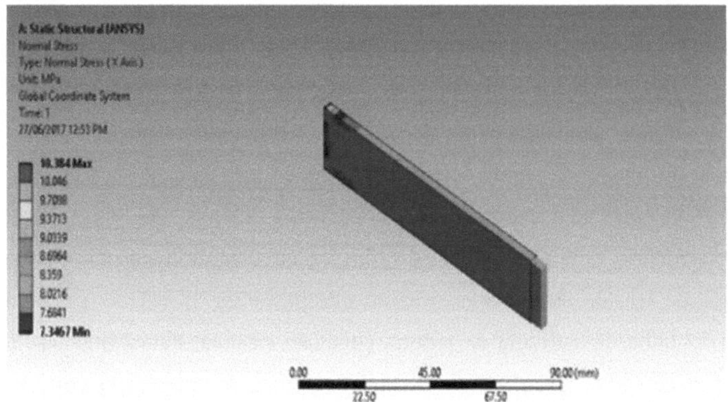

Fig 5.2: Ensaio de tração utilizando a FEA com 45⁰ orientações

Caso 3: Análise FEA da composição 30/70 com orientação de 90 graus

Fig. 5.3: Ensaio de tração utilizando a FEA com uma orientação de 90 ⁰

A análise FEA de 30/70 com orientação diferente é efectuada na condição 1. Na condição 1, o tamanho da amostra é considerado como 20 x3x200. Na orientação de 0 graus, a carga máxima é considerada como 1271,06 N e a tensão normal é de 17,941 MPa, como mostra a figura. Na orientação de 45 graus, a carga máxima é considerada 491,96 N e, nesta carga, a tensão normal é 10,046 MPa. E a carga máxima na orientação de 90 graus é considerada como 521,36 N e a esta carga a tensão normal é mostrada pelo software é de 8,1683 MPa. Todos estes resultados estão quase próximos do resultado experimental e existe algum erro devido à porosidade presente no componente e ao erro de fabrico.

5.3 A análise de elementos finitos da composição de 40% de fibra e 60% de resina epóxi com 0, 45 e 90 graus de orientação da fibra

Caso 1: Análise FEA da composição 40/60 com orientação de o grau

Fig. 5.4: Ensaio de tração utilizando a FEA com uma orientação de 0°

Caso 2: Análise FEA da composição 40/60 com orientação de 45 graus

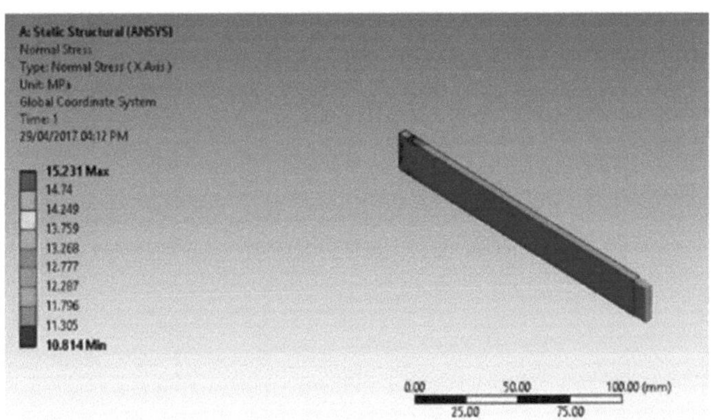

Fig. 5.5: Ensaio de tração utilizando FEA com 45⁰ orientações

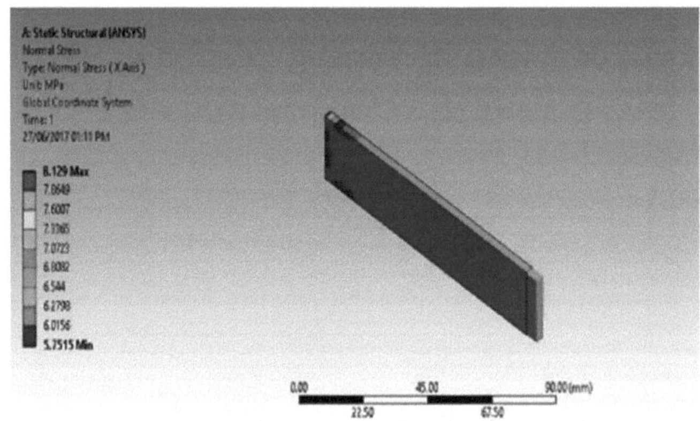

Fig. 5.6: Ensaio de tração utilizando a FEA com uma orientação de 90 [0]

A análise FEA de 40/60 com orientação diferente é efectuada na condição 2. Na condição 2, as dimensões dos provetes são consideradas como 20 x3x200. Na orientação de 0 graus, a carga máxima é considerada como 2817,5 N e a tensão normal é de 50,6 MPa, como mostra o software FEA na figura. Na orientação de 45 graus a carga máxima é de 404,74 N e a tensão normal é de 15,231 MPa. E na orientação de 90 graus, a carga máxima é considerada como 385,14 N e a tensão normal é mostrada pelo software como 8,129 MPa. Todos estes resultados estão praticamente próximos dos resultados experimentais, havendo algum erro devido à porosidade presente no componente e ao erro de fabrico.

5.4 Análise de elementos finitos da composição de 50% de fibra e 50% de resina epóxi com orientação de fibra de 0, 45 e 90 graus

Caso 1Análise FEA da composição 40/60 com orientação de o grau

Fig. 5.7: Ensaio de tração utilizando FEA com orientações 0 ^{0}

Caso 2: Análise FEA da composição 40/60 com orientação de 45 graus

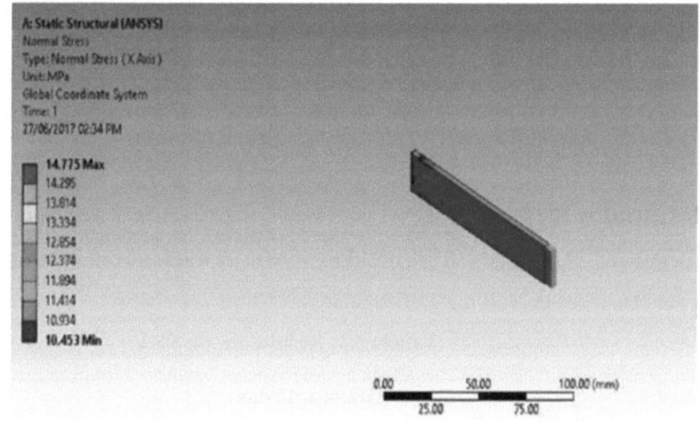

Fig. 5.8: Ensaio de tração utilizando a FEA com uma orientação de 45 ^{0}

Caso3: Análise FEA da composição 40/60 com orientação de 90 graus

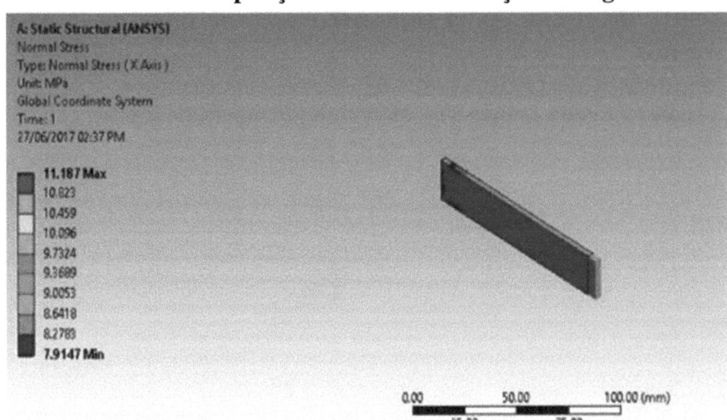

Fig. 5.9: Ensaio de tração utilizando FEA com 900 orientações

A análise FEA de 50/50 com orientação diferente é efectuada na condição 3. Na condição 3, as dimensões dos provetes são consideradas como 20 x3x200. Na orientação de 0 graus, a carga máxima é considerada como 1465,1 N e a tensão normal é de 21,107MPa, como mostra o software FEA na figura. Na orientação de 45 graus, a carga máxima é de 796,74 N e a tensão normal é de 14,775 MPa. E na orientação de 90 graus, a carga máxima é considerada como 527,32N e a tensão normal é mostrada pelo software como 11,18MPa. Todos estes resultados estão praticamente próximos dos resultados experimentais, havendo algum erro devido à porosidade presente no componente e ao erro de fabrico.

5.5 Resultados da FEA

A tabela seguinte5.1 mostra os resultados dos ensaios de tração de vários espécimes com diferentes fracções de volume e orientação das fibras pelo MEF

Tabela 5.1: Resultados da FEA

Sr. Não.	Composição do espécime	Orientação das fibras $(\ )^0$	Resistência à tração $(N/mm2)$
1	A (30/70)	00	17.941
		45^0	10.046

1		90^0	8.1683
2	B (40/60)	00	50.6
		45^0	15.231
		90^0	8.129
3	C (50/50)	00	21.107
		45^0	14.775
		90^0	11.187

CAPÍTULO 6

RESULTADOS E DISCUSSÃO

6.1 Ensaio de tração

6.1.1 Resultados experimentais

A tabela 6.1 seguinte mostra os resultados dos ensaios de tração de vários espécimes com 30%, 40% e 50% de fração volumétrica e 0°, 45° e 90° de orientação das fibras por método experimental. São feitos dois espécimes com a mesma fração de volume e a mesma orientação. São testados como ensaio 1 e ensaio 2 e a resistência média do ensaio 1 e do ensaio 2 é considerada como U.T.S. média.

Tabela 6.1 Resultados dos ensaios experimentais de tração

Sr. No.	Composition	Fiber Orientation (°)	U.T.S. (N/mm²)		Average U.T.S. (N/mm²)
			Trial 1	Trial 2	
1	A (30/70)	0	15.336	15.093	15.21
		45	7.012	6.895	6.95
		90	5.903	4.322	5.11
2	B (40/60)	0	39.670	34.225	36.94
		45	9.835	5.593	7.71
		90	5.551	5.367	5.46
3	C (50/50)	0	18.015	13.925	15.97
		45	12.084	10.174	11.113
		90	8.537	3.086	5.81

A fig. 6.1 seguinte indica o efeito da orientação da fibra e da fração volumétrica da fibra na resistência à tração através do método experimental.

Os provetes de ensaio de tração foram preparados de acordo com a norma ASTM D-3039. As dimensões pormenorizadas, o comprimento do calibre e a velocidade da cabeça cruzada podem ser consultados na norma ASTM D-3039. Cada espécime foi carregado até à rutura. A curva força - extensão foi traçada automaticamente pelo software do equipamento. A resistência à tração final e o módulo de elasticidade das amostras foram posteriormente determinados a partir do gráfico. O gráfico dos resultados do ensaio.6.1 foi obtido a partir da média do ensaio I e do ensaio II. A partir do gráfico, a resistência à tração final do compósito natural de fibra de bananeira foi de 36,94 MPa com orientação de 0 graus e 40% de fração volumétrica de fibra

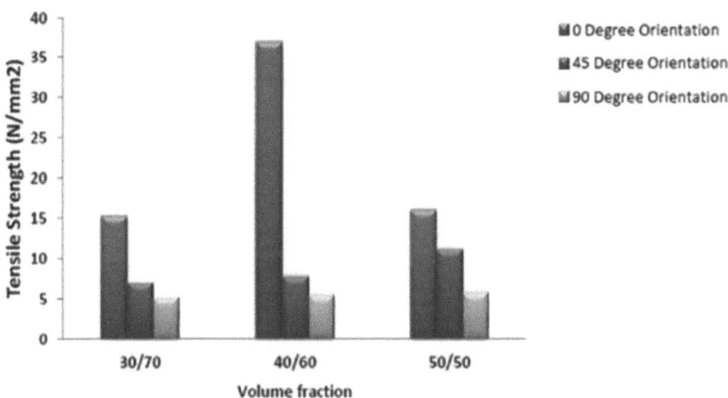

Fig. 6.1 Comparação dos resultados experimentais do ensaio de tração

A resistência à tração final do compósito natural de fibra de bananeira com diferentes fracções de volume e diferentes orientações é descrita a seguir

A) **Fração volumétrica 30/70** - Na fração volumétrica 30/70 são utilizados 30% de fibra de bananeira e 70% de resina epóxida. Com esta fração de volume foram feitos 3 espécimes diferentes com orientações diferentes como 0^0 ,45^0 e 90^0 . Das 3 orientações, 0^0 dá a máxima resistência à tração em comparação com 45^0 e 90^0 porque em 0^0 as orientações aplicam a carga paralelamente à direção da fibra.

B) **Fração de volume 40/60** - **Na fração** de volume 40/60, 40% de fibra de bananeira e 60% de resina epóxi. Nesta fração de volume obteve-se a maior resistência à tração ($36,94N/mm^2$) a 0^0 orientação porque nesta fração de volume a % de fibra é aumentada em 10% em comparação com a condição A. Isto significa que a % de fibra é aumentada, a resistência à tração também aumenta porque a fibra é um material mais forte do que a resina epóxi.

C) **Fração volumétrica 50/50** - Na fração volumétrica 50/50, são utilizados 50% de fibra de bananeira e 50% de resina epóxida. Com esta fração de volume, analisa-se que a resistência à tração aumenta a 45^0 e 90^0 em comparação com a condição A e a condição B.

6.1.2 Resultados da FEA

A tabela 6.2 seguinte mostra os resultados dos ensaios de tração de vários espécimes com 30%, 40% e 50% de fração volumétrica e 0°, 45° e 90° de orientação das fibras, utilizando o MEF

Tabela 6.2 Resultados do ensaio de tração por MEF

Sr. Não.	composição	Orientação das fibras	Resistência à tração ($N/mm2$)
1	A (30/70)	00	17.941
		45^0	10.046
		90^0	8.1683
2	B (40/60)	00	50.6
		45^0	15.231
		90^0	8.129
3	C (50/50)	00	21.107
		45^0	14.775
		90^0	11.187

A fig. 6.2 seguinte mostra os resultados dos ensaios de tração de vários espécimes com diferentes fracções de volume e comprimentos de fibra utilizando a FEA

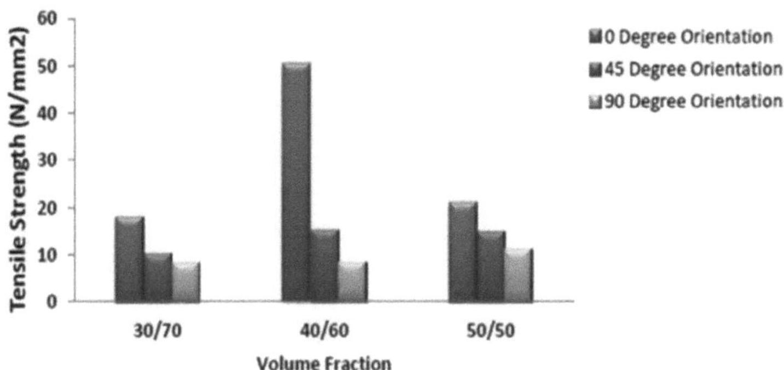

Fig. 6.2Comparação dos resultados da FEA do ensaio de tração

A partir da figura 6.2, verifica-se que a resistência à tração aumenta gradualmente com o aumento da fração volumétrica da fibra

6.1.3 Comparação dos resultados experimentais e da FEA do ensaio de tração

A tabela 6.3 seguinte mostra os resultados dos ensaios de tração de vários espécimes com 30%, 40% e 50% de fração volumétrica e 0°, 45° e 90° de orientação das fibras, através do método experimental e do método dos elementos finitos.

Tabela 6.3 Resultados do ensaio de tração (Experimental e FEM)

Sr. Não.	composição	Orientação das fibras	Resistência à tração $(N/mm2)$	
			FEA	Experimental
1	A (30/70)	00	17.941	15.21
		45⁰	10.046	6.95
		90⁰	8.1683	5.11
2	B (40/60)	00	50.6	36.94
		45⁰	15.231	7.71
		90⁰	8.129	5.46
3	C (50/50)	00	21.107	15.97

| | | 45^0 | 14.775 | 11.113 |
| | | 90^0 | 11.187 | 5.81 |

A fig. 6.3 seguinte mostra a comparação dos resultados dos ensaios de tração de vários espécimes com diferentes fracções de volume e orientação das fibras através do método experimental e do método numérico

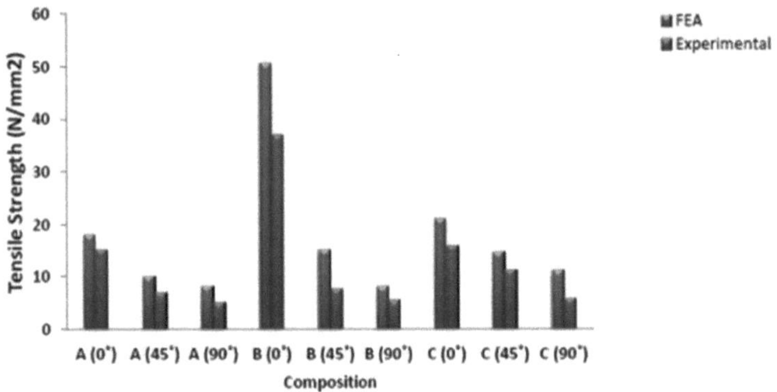

Fig. 6.3 Comparação dos resultados experimentais e da FEA do ensaio de tração

A partir da Figura 6.3, verifica-se que a resistência máxima à tração na orientação 0^0 e na fração volumétrica 40/60 pelo método FEA e na mesma fração volumétrica e na mesma orientação, a resistência máxima à tração pelo método experimental está mais ou menos próxima do resultado FEA. Verifica-se alguma variação entre os resultados da FEA e os resultados experimentais devido à porosidade e ao erro de fabrico.

6.2 Ensaio de flexão

A tabela seguinte mostra os resultados do teste de flexão de vários espécimes com 30%, 40% e 50% de fração volumétrica e 0°, 45° e 90° de orientação da fibra por método experimental. São fabricados dois espécimes com a mesma fração de volume e a mesma orientação. São testados como ensaio 1 e ensaio 2 e a resistência média do ensaio 1 e do ensaio 2 é considerada como resistência média à flexão.

Tabela 6.4 Resultados do ensaio de flexão

Sr. No.	composition	Fiber orientation (Degree)	Flexural Strength (N/mm²)		Average Flexural Strength (N/mm²)
			Trial 1	Trial 2	
1	A (30/70)	0	21.503	18.158	19.83
		45	15.556	13.878	14.72
		90	10.894	11.105	10.99
2	B (40/60)	0	43.247	47.203	45.23
		45	28.786	27.877	28.33
		90	15.700	11.805	13.75
3	C (50/50)	0	40.471	45.490	42.98
		45	37.941	35.495	36.71
		90	26.249	23.312	25.03

A figura 6.4 seguinte indica o efeito do comprimento da fibra e da fração de volume da fibra na resistência à flexão. O ensaio de flexão foi efectuado de acordo com a norma ASTM D790. As propriedades de flexão foram apresentadas na tabela 6.6. Foram testados espécimes com diferentes orientações e diferentes fracções de volume, tendo sido calculada a média. As propriedades de flexão do compósito de fibra de banana com diferentes orientações e diferentes fracções de volume são apresentadas na fig. 6.4. A resistência à flexão é uma combinação da resistência à tração e à compressão e varia com a resistência ao cisalhamento interfacial entre a fibra e a matriz. Observou-se na fig. 6.4 que a resistência à flexão do compósito epóxi de fibra de bananeira é elevada com uma fração de volume de 40% e uma orientação de 0 graus. O valor máximo de resistência à flexão do compósito foi de 45,3N/mm² .

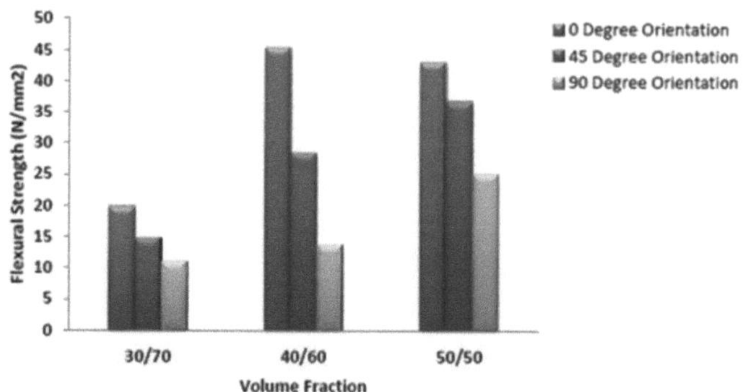

Fig. 6.4 Comparação da resistência à flexão para diferentes fracções volumétricas e fibras

Orientação

A resistência à flexão do compósito natural de fibra de bananeira com diferentes fracções de volume e diferentes orientações é descrita a seguir

A) **Fracções volumétricas 30/70** - Na fração volumétrica 30/70 utilizou-se 30% de fibra de bananeira e 70% de resina epóxida. Com esta fração de volume foram feitos 3 espécimes diferentes com orientações diferentes como 0^0 ,45^0 & 90^0 . Das 3 orientações, 0^0 dá a máxima resistência à flexão (19.83N/mm^2) em comparação com 45^0 & 90^0 .

B) **Fração volumétrica 40/60** - Na fração volumétrica 40/60 foi utilizada 40% de fibra de bananeira e 60% de resina epóxi. Nesta fração de volume obteve-se a maior resistência à flexão (45.23N/mm^2) a 0^0 orientação porque nesta fração de volume a % de fibra é aumentada em 10% em comparação com a condição A. Isto significa que a % de fibra é aumentada, a resistência à flexão também aumenta porque a fibra é um material mais forte do que a resina epóxi.

C) **Fração volumétrica 50/50** - Na fração volumétrica 50/50, é constituída por 50% de fibra de bananeira e 50% de resina epóxida. Com esta fração de volume, analisa-se que a resistência à flexão aumenta a 45^0 e 90^0 em comparação com a condição A e a condição B

6.3 trapologia da superfície do provete de ensaio de tração e flexão por SEM.

Um microscópio eletrónico de varrimento (MEV) é um tipo de <u>microscópio</u> eletrónico que produz imagens de uma amostra através do varrimento da superfície com um feixe focalizado de electrões. Os electrões interagem com os átomos da amostra, produzindo vários sinais que contêm informação sobre a topografia e composição da superfície da amostra. O feixe de electrões é varrido num padrão de varrimento raster e a posição do feixe é combinada com o sinal detectado para produzir uma imagem. O MEV pode atingir uma resolução superior a 1 nanómetro. Os espécimes podem ser observados em alto vácuo no MEV convencional, ou em baixo vácuo ou em condições húmidas no MEV de pressão variável ou ambiental e numa vasta gama de temperaturas criogénicas ou elevadas com instrumentos especializados. O modo mais comum de SEM é a deteção de electrões secundários emitidos por átomos excitados pelo feixe de electrões. O número de electrões secundários que podem ser detectados depende, entre outras coisas, da topografia da amostra. Ao varrer a amostra e recolher os electrões secundários emitidos utilizando um detetor especial, é criada uma imagem que mostra a topografia da superfície. Para investigar a ligação entre o reforço e a matriz, foram registados microgramas de electrões de varrimento da superfície fracturada do compósito epóxi de banana. Estes microgramas foram registados em diferentes ampliações e regiões. A análise do compósito 40/60 com 0 graus é preparada em diferentes ampliações e é apresentada abaixo.

6.3.1 SEM da amostra de ensaio de tração.

Fig6.5 Imagem SEM (x100) do compósito 40/60 com 0 grau de fibra de bananeira.

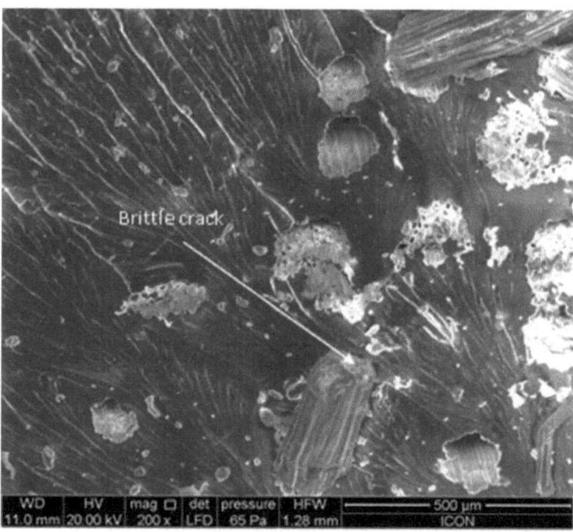

Fig 6.6 Imagem SEM (x200) do compósito de 40/60 com 0 grau de fibra de bananeira.

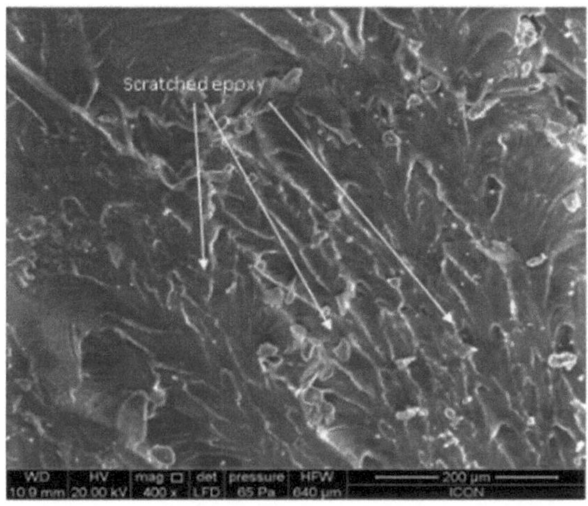

Fig 6.7 Imagem SEM (x400) do compósito de fibra de bananeira 40/60 com 0 grau

Os microgramas da superfície fracturada do compósito de epóxi de bananeira são apresentados nas figuras 6.5 e 6.7, que representam os fractogramas com ampliação de 100x, 200x e 400x. O estudo SEM do compósito de fibra de bananeira após o ensaio de tração e flexão foi realizado. O estudo SEM do compósito de fibra de bananeira após o ensaio de tração e de flexão foi efectuado. Deste estudo concluiu-se que existe uma fissura frágil e que as fibras estão a ser arrancadas.

6.3.2   SEM do provete de ensaio Flextural

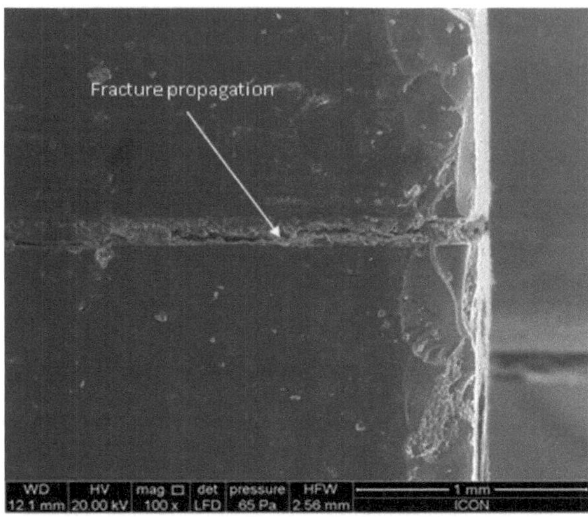

Fig 6.8 Imagem SEM (x100) do compósito de fibra de bananeira 40/60 com 0 grau

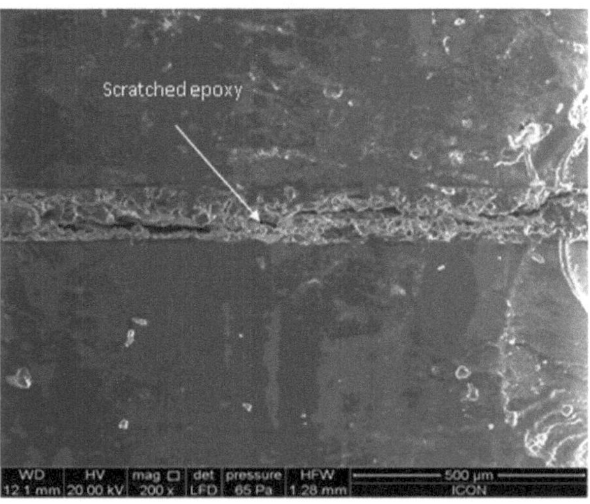

Fig 6.9 Imagem SEM (x200) do compósito de fibra de bananeira 40/60 com 0 grau

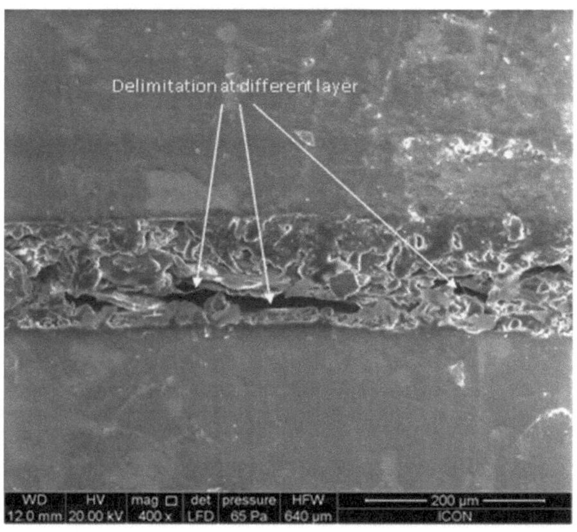

Fig 6.10 Imagem SEM (x400) do compósito de fibra de bananeira 40/60 com 0 grau

O teste de flexão mostra na fig. 4.11 que a pressão é aplicada no espécime porque o espécime está a deflectir gradualmente. Quando a pressão é aumentada, o espécime será fracturado e essa fratura é analisada utilizando SEM. De acordo com o teste SEM, fica claro que o epóxi é riscado e a delimitação ocorre em diferentes camadas. No final, a fratura propaga-se.

CAPÍTULO 7

CONCLUSÃO E ÂMBITO FUTURO

7.1 Conclusão

Foi realizado um estudo detalhado sobre o comportamento mecânico do compósito de fibra de bananeira/epóxi com base em diferentes fracções de volume e orientação das fibras. O estudo levou às conclusões mencionadas abaixo.

1. A resina epóxi reforçada com fibra foi fabricada pelo método de colocação manual.

2. Nos ensaios de tração, a resistência à tração diminui gradualmente com o aumento do grau de orientação das fibras. Verificou-se também que a resistência máxima à tração (36,94 N/mm^2) é obtida no caso de 40 % de fração volumétrica e 0 graus de orientação das fibras.

3. Os resultados do software obtidos para o ensaio de tração estão muito mais próximos dos resultados experimentais, o que demonstra a validade do trabalho experimental.

4. Nos testes de flexão, a resistência à flexão também diminui gradualmente com o aumento do grau de orientação das fibras. A resistência à flexão mais elevada (43.247N/mm^2) é obtida com 40% de fração volumétrica e com 0 graus de orientação das fibras.

5. Foi efectuada a análise SEM do compósito de fibra de bananeira após o ensaio de tração e flexão. A partir deste estudo, concluiu-se que existe uma fissura frágil e que as fibras estão a sair

7.2 Âmbito futuro

O estudo futuro do compósito epóxi de banana tem um vasto campo de ação. Os investigadores podem considerar outros aspectos do estudo, como o comprimento da fibra, a carga da fibra, o material da matriz, o padrão de carga no comportamento mecânico do compósito de epóxi de banana. A variação destes parâmetros pode alargar o conhecimento disponível sobre a dependência do comportamento mecânico em relação a estes factores e os resultados experimentais resultantes podem ser analisados de forma semelhante. No futuro, poderão ser utilizados vários outros materiais de reforço naturais para misturar com a fibra de bananeira, de modo a formar um melhor compósito híbrido, com melhores propriedades mecânicas e com uma boa relação custo-eficácia. Existe um vasto campo de ação para os futuros académicos explorarem esta área de investigação. Deve ser estudada a possibilidade de melhorar as propriedades exteriores dos compósitos reforçados com fibras naturais. Embora muitos autores tenham efectuado vários pré-tratamentos de fibras naturais para melhorar a adesão interfacial entre a fibra e a matriz, melhorando assim as propriedades mecânicas do compósito resultante, foram efectuados poucos estudos sobre a forma de reduzir especificamente a absorção de água em compósitos reforçados com fibras naturais.

REFERÊNCIAS

[1] Santhosh, N. Balanarasimman, et.al, "study of properties of banana fiber Reinforced composite", International Journal of Research in Engineering and Technology Nov2014.

[2] Rozman H.D., Tan K.W., Kumar R.N., Ishak Z.A.M., Ismail H., (2000). "O efeito da lignina como compatibilizador nas propriedades físicas dos compósitos de polipropileno de fibra de coco", European polymer journal36, pp.1483 -1494

[3] Rout, J., Misra, M., Tripathy, S. S., Nayak, S. K., &Mohanty, A. K. (2001). "The Influence of fibber treatment on the performance of coir-polyester Composites". Composites Science and Technology, 61(9), pp.1303-131

[4] Monteiro S.N., Terrones L.A.H., D'Almeida J.R.M., (2008). "Mechanical performance of coir fiber/polyester composites Polymer Testing" 27, pp. 591-595.2 [5]Satishpujari, A. Ramakrishna et.al, "Comparison of Jute and Banana Fiber composites", International journal of Current engineering & Technology, Feb 2014.

[6] M.sumaila, I. Ambekar, et.al, "Effect Of fiber length on the physical & mechanical properties of random oriented, nonwoven short banana", Volume-02, march2013.

[7] S.Raghavendra, Lingaraju, et.al," Mechanical properties of short Bananafiber reinforced natural rubber composites ", The International Journal of innovative research in science, Engineering and technology, Volume-2, Issue-05 may 2013.

[8] Syed AltanfHussai, "n, et.al, ", Mechanical properties of green coconut fiber reinforced polymer composite," .Vol.3, 11 Nov2011.

[10] Y.Indraj, et.al, "Development & study of properties of natural fiber reinforced polyester composite", outubro de 2014.

[9] Ashwani Kumar, et.al, "Development of Glass /Banana fiber reinforced Epoxy composite",,, Volume 3, Nov -Dec 2013.

[10]V P. Shashi Shankar, et.al, "Mechanical performance and Analysis of Banana fiber reinforced epoxy composite", Industrial science, Vol.1, Issue.4Nov.2013.

[11] Samal, S. K., Mohanty, S., &Nayak, S. K. (2009). "Compósitos híbridos de polipropileno, bambu e fibra de vidro: Fabrication and Analysis of Mechanical, Morphological Thermal, and Dynamic Mechanical Behavior". Journal of Reinforced Plastics and Composites", 28(22), pp.2729-2747.

[12] Reddy, E. V. S., Rajulu, A. V., Reddy, K. H., & Reddy, G. R. (2010). "Resistência química e propriedades de tração de compósitos híbridos de poliéster reforçados com fibras de vidro e de bambu". Jornal de Plásticos Reforçados e Compósitos, 29(14), pp.2119- 2123

[13] Biswas, S., Kendo, S., &Patnaik, A. (2011). "Efeito do comprimento da fibra no comportamento mecânico de compósitos epóxi reforçados com fibra de coco". Fibras e Polímeros,.

[14] Ayrilmis N., Jarusombutiv S., Fueangvivat V., BauchongkolPlP., White R.H., (2011). "Painel compósito de polipropileno reforçado com fibra de coco para aplicações no interior de automóveis", Fibras e polímeros 12(7), pp. 919-926

[15] Romli, F. I., Alias, A. N., Rafie, A. S. M., &Majid, D. L. A. A. (2012). "Estudo fatorial sobre a resistência à tração de um compósito epóxi reforçado com fibra de coco". AASRIrocedia, 3, pp.242-247.

[16] Sreenivasan, V. S., Ravindran, D., Manikandan, V., &Narayanasamy, R. (2012) "Influência dos tratamentos de fibras nas propriedades mecânicas de compósitos de poliéster cilíndricos curtos de Sansevieria". Materials & Design, 37, pp.111-121.

[17] Lu, T., Jiang, M., Jiang, Z., Hui, D., Wang, Z., & Zhou, Z. (2013). "Efeito da modificação da superfície das fibras de celulose de bambu nas propriedades mecânicas dos compósitos de celulose / epóxi". Compósitos Parte B: Engenharia, 51, pp.28-34

[18] Mir, S. S., Nafsin, N., Hassan, M., Hassan, N., & Hassan, A. (2013)." Melhoria das propriedades físico-mecânicas dos biocompósitos de coco e polipropileno por tratamento químico de fibras". Materials& Design, 52, pp.251-257

[19] Mishra, V., &Biswas, S. (2013)." Propriedades físicas e mecânicas de compósitos epóxi de fibra de juta bidirecional Procedia Engineering", 51, pp.561-566.

[20] N. AnupamaSai Priya1, P. Veera Raju2, P. N. E. Naveen,(2014) "Teste Experimental de Polímero Reforçado com Compósitos de Fibra de Coco" GIET, RJY-
Afiliado à JNTU Kakinada, Índia

[21] BinuHaridas "Estudo do comportamento mecânico e térmico de compósitos epóxi reforçados com fibras de coco"

[22] Satnam Singh, Pardeep Kumar, S.K. Jain "Uma investigação experimental e

numérica das propriedades mecânicas de compósitos de epóxi reforçados com fibra de vidro" Adv. Mat. Lett. 2013, 4(7), 567-572

[23] T. Hariprasad, G. Dharmalingam e P. Praveen Raj "Estudo das propriedades mecânicas do compósito híbrido Banana-Coir usando técnicas experimentais e Fem" Journal of Mechanical Engineering and Sciences (JMES) ISSN (Print): 2289-4659; e-ISSN: 2231-8380; Volume 4, pp. 518-531, junho de 2013

[24] D. Verma, P.C. Gope, A. Shandilya, A. Gupta, M.K. Maheshwari "Coir Fiber Reinforcement and Application in Polymer Composites: A Review" J. Mater. Environ. Sci. 4 (2) (2013) 263-276 ISSN: 2028-2508

[25] Dr. Dinesh Shringi, GauravSolanki, Piyush Sharma "Caracterização das propriedades mecânicas do compósito de polímero de fibra natural (à base de coco) através de métodos numéricos" Revista Internacional de Investigação Avançada em Ciência, Tecnologia e Engenharia, ISSN: 2319-7463 Vol. 3, n.º 4, abril de 2014, pp: (465-470)

Printed by Books on Demand GmbH, Norderstedt / Germany